下击暴流风场及输电线路风振分析

晏致涛 钟永力 李 妍 著

科学出版社
北京

内 容 简 介

本书通过理论研究、数值模拟和试验模拟等手段，基于壁面射流理论开展了下击暴流的流场分析以及下击暴流作用下输电塔线体系频域和时域分析等方面的研究。全书共 11 章，主要包括研究背景、稳态和非稳态下壁面射流的大气边界层风洞试验与数值模拟、不同粗糙地貌条件下壁面射流风场、下击暴流移动增大效应及带协同流壁面射流分析、下击暴流作用下输电塔和输电线风致频域响应及时域分析、输电塔线体系的动力稳定性分析等内容。

本书可供结构工程、工程力学、电气工程中输电线路方向等工程领域的高年级本科生、研究生、教师和工程设计人员参考。

图书在版编目（CIP）数据

下击暴流风场及输电线路风振分析/晏致涛，钟永力，李妍著. —北京：科学出版社，2024.3
 ISBN 978-7-03-078206-9

Ⅰ. ①下⋯ Ⅱ. ①晏⋯ ②钟⋯ ③李⋯ Ⅲ. ①风暴–影响–输电铁塔–研究 Ⅳ. ①TM75

中国国家版本馆 CIP 数据核字（2024）第 052899 号

责任编辑：朱小刚 / 责任校对：高辰雷
责任印制：罗 科 / 封面设计：义和文创

科 学 出 版 社 出版

北京东黄城根北街 16 号
邮政编码：100717
http://www.sciencep.com

四川煤田地质制图印务有限责任公司 印刷
科学出版社发行 各地新华书店经销
*

2024 年 3 月第 一 版 开本：B5（720×1000）
2024 年 3 月第一次印刷 印张：13 1/2
字数：270 000
 定价：168.00 元
（如有印装质量问题，我社负责调换）

前　　言

　　下击暴流是一种在雷暴天气中由强下沉气流猛烈冲击地面形成并经由地表传播的近地面短时破坏性强风。一般在雷雨天气时，发生微下击暴流的概率可达 60%～70%，下击暴流在世界范围内，包括澳大利亚、美国、日本等国家和其他地区，造成了大量工程结构物的破坏，下击暴流作用下输电线-塔的倒塌破坏事故更是常见。由于输电线路结构失效而造成的电力供应中断，会造成严重的经济和社会后果。尽管输电线路的大多数故障都是由严重的局部性强风造成的，但在实际工程中，大多数国家的高耸风敏感结构的设计规范采用的风荷载都是通过统计方法得到的大气边界层风荷载，而对下击暴流等潜在威胁高耸结构安全的强风荷载并未加以考虑。鉴于下击暴流等雷暴强风在世界上大部分地区的重要性，将雷暴强风纳入建筑结构风荷载设计规范和准则是当前非常迫切的任务。

　　目前，针对下击暴流风场及其对输电塔线体系结构的作用研究主要包括现场实测、理论分析、风洞试验及数值模拟。由于下击暴流的突发性和小尺度特性，采用现场实测的方法来获取对应的风荷载数据，分析下击暴流对结构的作用是相对困难的。传统冲击射流模拟方法的缩尺比普遍较小，并且对移动下击暴流的模拟具有一定难度。下击暴流的大部分区域处于水平出流的壁面射流段，对结构的危害更大，正确评估壁面射流区域流场特性是正确评估构筑物风荷载安全性的关键。通过忽略下击暴流中心的冲击部分，仅仅模拟其水平出流部分，考虑其轴向对称特性，可以将下击暴流模型简化为一个平面壁面射流，从而实现常规边界层风洞中下击暴流出流段风场的模拟。

　　自 2013 年开始，作者及其课题组基于平面壁面射流方法，针对壁面射流流场规律及其作用下输电塔响应特征，系统地研究了下击暴流中壁面射流段壁面粗糙度、入口雷诺数、水平协同流等对壁面射流区域水平和竖向风剖面、最大风速高度、壁面流场等规律的影响，采用壁面射流理论修正和再现了下击暴流水平发展段风场，从而在传统风洞中考察了下击暴流中输电塔线体系的响应规律，进一步提出考虑下击暴流的输电塔线体系结构。研究成果对于精确实现输电塔线体系在下击暴流下的防灾减灾及空气动力学研究具有重要的工程实用价值和科学意义。

　　本书由重庆科技大学晏致涛、钟永力、李妍执笔撰写，其中晏致涛负责本书研究和统稿，以及撰写第 1 章内容，钟永力撰写第 2~10 章内容，李妍撰写第 11 章内容，历届研究生刘博伟、曹俊阳、付航等进行了大量的试验和理论分析工作。本书得到了国家自然科学基金项目(52178458、52008070、51478069)的支持，在此表示衷心的感谢。

限于作者水平，书中难免存在疏漏之处，书中部分内容带有一定的探索性质，不妥之处，敬请广大读者批评指正。

目　　录

第1章 绪　　论

1.1　研　究　背　景

下击暴流是一种短时强风，其水平风速在近地面区域产生剧烈的低空风切变，对建筑物和输电塔等结构有强烈的破坏作用。一般在雷雨天气时，发生微下击暴流的概率可达 60%～70%[1]。根据美国的观测资料，假定下击暴流在不同地区分布均匀的前提下，推测美国每年约有 3500 个微下击暴流，约为龙卷风出现频率的 4 倍[2]。下击暴流在世界范围内，包括澳大利亚、美国、日本等国家和其他地区，造成了大量工程结构物的破坏。下击暴流作用下输电线塔的倒塌破坏事故更是常见，对美国、澳大利亚和南非等国的输电塔线结构倒塌事故的调查表明，80%以上与天气有关的输电塔线结构的倒塌是由雷暴天气的下击暴流等强风所致，1996 年 9 月加拿大曼尼托巴省水电站就有 19 座输电塔在一次下击暴流事故中倒塌[3]，2006 年 8 月加拿大安大略省 Hydro One 公司两座 500kV 单回路拉线塔在一场严重雷暴中倒塌，如图 1.1 所示[4]。对澳大利亚 94 次输电线结构破坏事故的调查表明，90%以上的输电塔线结构破坏是由雷暴引起的下击暴流所致，图 1.2 为 1993 年下击暴流造成的澳大利亚本迪戈北部输电塔破坏实例[5]。

图 1.1　2006 年 8 月加拿大安大略省 Hydro One 公司两座输电塔倒塌

图 1.2　1993 年澳大利亚本迪戈北部输电塔破坏

　　下击暴流在国内也造成了较多输电塔的倒塌事件，2021 年 5 月 14 日，浙江绍兴 500kV 某线路发生下击暴流导致倒塔事故，故障线路 14～19 号共 6 基塔受损，其破坏情况如图 1.3 所示。后期的调查表明，5 月 14 日浙北地区和浙中西部地区午后到夜间出现 8～10 级、局地 11～12 级雷雨大风、强雷电、短时暴雨等强对流天气[6]。2007 年 7 月，河南省的郑祥线郑州至开封段的 N119～N124 输电塔被下击暴流击中而倒塌，图 1.4 为 N121 号输电塔破坏情况[7]。

(a) 整体受损情况

(b) 16 号输电塔破坏情况

图 1.3　"任上 5237 线"输电塔破坏照片

图 1.4　郑祥线 N121 号输电塔破坏情况

目前，对此类极端天气现象的认识还不十分成熟，以往下击暴流的研究主要是在气象与航空领域，侧重于观测或模拟大气热力、动力过程，而土木工程师所关心的风场特性参数研究相对较少。采用传统风速轮廓线设计的建筑结构在遭受下击暴流时会受到截然不同的荷载，下击暴流竖向风呈现先增大后减小的趋势，这也是国内外大量输电塔线体系倒塌的主要原因。

虽然 Melbourne[8]很早就提出应将雷暴冲击风纳入结构设计风荷载的考虑范围，但是仅有少数国家在规范中明确对下击暴流做出了规定，鉴于下击暴流超强的破坏能力，将下击暴流风纳入相应的设计规范和准则是当前非常迫切的任务[9,10]。目前，仅有美国土木工程师协会和澳大利亚最新的风荷载设计规范中要求在输电塔线结构设计中考虑这种强风荷载效应。国际标准化组织(ISO 4353，2008)发布的风荷载标准也已经考虑了这种雷暴天气产生的强风荷载，并提供了下击暴流的建议风剖面。但是，上述规范并没有对下击暴流风荷载的设计取值提出明确的规定，给出的只是一些建议性的条件，现有关于下击暴流的研究距离形成能够指导抗风设计的规范条文还有相当大的差距。

下击暴流示意图如图 1.5 所示。从概率角度上，由于下击暴流冲击中心面积较小，其导致输电塔线体系破坏的概率也小得多。而下击暴流风场的水平段具有更大的面积，对结构的危害更大。因此，重点研究下击暴流的壁面射流出流段，讨论其流场和规律是进行下击暴流风场特性研究的一个重要思路。阐明壁面射流流动的规律，有助于为工程实际应用提供分析与计算有关参数的依据。仅对壁面射流部分风场特性进行研究，有助于实现大比例尺的风洞试验。此外，针对壁面射流的理论成果不仅能服务于土木工程，并且能为其他工业领域提供指导，具有重要的理论意义。

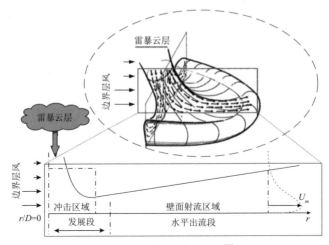

图 1.5　下击暴流示意图[9]

其中，U_m 为最大风速，r 为以冲击点为原点的径向距离，D 为下击暴流出流直径

1.2　下击暴流研究现状

较早针对下击暴流进行的研究工作主要集中在气象领域，气象文献提供了大量可靠的下击暴流数据。由于下击暴流对结构物的极大灾害性，结构风工程领域也逐步开始了对下击暴流的研究。研究下击暴流的风场特性主要有现场实测、解析模型、试验模拟和数值模拟四种方法。

1.2.1　现场实测

19 世纪 70 年代中期，由于突变强风导致大量航空事故的发生，伊利诺伊州北部对暴雨的气象研究(Northern Illinois Meteorological Research on Downbursts, NIMROD)以及联合机场气象研究(The Joint Airport Weather Studies，JAWS)项目对下击暴流进行了早期的实测研究。Fujita 及其团队通过对大量实测记录的研究，将这类强风定义为下击暴流[10]，并且对下击暴流进行了分类，其中，破坏半径大于 4km 的为宏下击暴流(macroburst)，破坏半径小于 4km 的为微下击暴流(microburst)，Fujita 还记录了发生在安德鲁斯空军基地(Andrews Air Force Base, AAFB)的一次下击暴流[2]，在离地 4.9m 高度处的最大瞬时风速达到了 67m/s，如图 1.6 所示。随后，Hjelmfelt[9]对 JAWS 项目进行了总结，分析了微下击暴流出流段的生命周期，给出了出流段的竖向以及水平风场结构特征，如图 1.7 所示。但是，这些研究具有极强的气象背景，其主要目的是研究下击暴流对飞机起降的安全性影响问题，得到的研究成果并不足以满足工程设计的需要。因此，风结构研究者开始了针对土木工程的下击暴流现场实测。

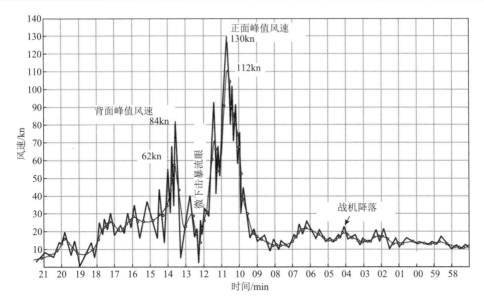

图 1.6　安德鲁斯空军基地某次下击暴流风速时程记录[2]

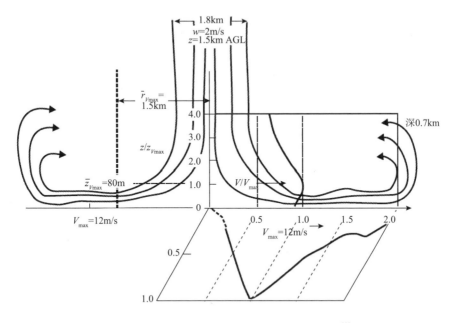

图 1.7　JAWS 典型微下击暴流竖向剖面[9]

AGL 指地平线上(above ground level)

Orwig 等[11]在美国得克萨斯州进行了下击暴流现场实测，通过南北直线布置的七座便携式测量塔，成功地捕捉到了最大风速超过 30m/s 的两次极端风事件，即 Rear-flank downburst(RFD)以及 Derecho，得到了采样频率为 1Hz 的下击暴流风速时程。Choi[12]在新加坡岛的西部末端设置了风速监测站，在 150m 高度内布置了五个监测位置，对记录的 50 余次雷暴的风剖面进行了研究，根据剖面形状以及最大风速的高度，将风剖面分为四类，发现雷暴风剖面形状主要受与雷暴中心距离、雷暴强度以及地面粗糙度的影响。Solari 等[13]通过 "Wind and Ports：The Forecast of Wind for the Management and the Safety of Port Areas"（WP）计划，以热那亚(Genoa，意大利)、拉斯佩齐亚(La Spezia，意大利)、里窝那(Livorno，意大利)、萨沃纳(Savona，意大利)和巴斯蒂亚(Bastia，法国)五个海港区为主，在第勒尼安海的海港地区布置了许多监测站点。该项目得到了大量雷暴风的实测数据，并且以此为基础，对雷暴风特征进行了大量研究[14]。

Lombardo 等[15]基于得克萨斯理工大学风工程实测研究实验室采集到一系列下击暴流事件，分析了下击暴流突变风的各种特征，发现其风速急速增大周期一般都在 5min 以内，并且没有观测到下击暴流的第二个速度峰值，从稳态边界层风剖面发展为冲击射流剖面的时间尺度也非常小，而在较小的时间尺度内脉动风谱与常规边界层风谱类似。

为了进一步区别雷暴风与良态风在风剖面及湍流特性的区别，采集更多与工程相关的实测数据，Gunter 等[16]采用移动多普勒雷达以及地面的监测站点对下击暴流进行了现场实测，得到了高分辨率的实测数据；通过特别的扫描方法，分析了下击暴流出流段的竖向结构，通过对三个雷暴风事件的出流风场进行分析，研究了竖向风剖面的发展规律。

虽然现场实测是进行下击暴流研究最直接的手段，但是由于下击暴流的发生具有较强的随机性，并且生命周期较短，很难对其进行有效的测量，同时进行实际测量成本也比较高，目前对下击暴流的实测研究是较为困难的，实测研究的成果并不足以满足工程应用的需要。

1.2.2　解析模型

由于下击暴流实测的局限性，一些学者从空气动力学角度建立了下击暴流平均风场的经验模型，早期的下击暴流解析模型研究仍然源于航空工业的需求。基于 Proctor[17]根据终端区仿真系统(terminal area simulation system，TASS)发展得到的一些风剖面，Oseguera 等[18]提出了一个简化的水平以及竖向下击暴流风场模型，该模型仅仅在柱坐标系下满足质量连续方程，因此并不能算完全的解析模型。随后，Vicroy[19]对 Oseguera 等的模型进行了改进，从而得到了与实测数据更加吻合的风场模型(OBV 模型)。Wood 等[20]从结构风工程的角度，根据冲击射流试验，提出了一个下击暴流完全发展阶段(径向距离大于 1.5 倍射流出流直径)的水平风速竖向风剖面的经验模型，并且通过与前述模型以及实测数据进行了详细的比较，证明了该模型的有效性。Li 等[21]在 OBV 模型的基础上，考虑了边界层非线性发展对下击暴流风场的影响，进一步提高了 OBV 模型的准确性，并且采用计算流体动力学(computational fluid dynamics，CFD)的方法验证了模型改进的效果。邹鑫等[22]基于静止冲击射流试验，对 Wood 模型进行了修正，通过对不同径向距离时模型参数的拟合，得到了更加精细的竖向平均风速剖面模型。

上述解析与经验模型主要针对静止下击暴流的平均风速剖面。而实际的下击暴流中，由于雷暴云层的平动，大量下击暴流风场产生移动，并且移动的速度能达到下击暴流出流风速的 1/3 以上，而在实际观测中，移动型下击暴流的数量也占有较大的比例[23]。Holmes 等[24]基于稳态冲击射流的速度分布，考虑下击暴流的移动速度，采用矢量合成的方法得到了移动型下击暴流的平均风速模型，并且通过该模型模拟了安德鲁斯空军基地发生的一次下击暴流，得到了与实测记录较为吻合的结果。随后，Chen 等[25]将随机脉动与 Holmes 等的平均风模型相结合，模拟了下击暴流的风速时程，并用于结构分析。Chay 等[26]对 OBV 模型进行了改进，考虑了下击暴流的移动以及下击暴流生命周期中的强度变化，并且通过自回归移动平均(autoregressive moving average，ARMA)方法考虑了脉动风速，进一步提高了 OBV 模型的适用性。

现有的解析模型一定程度上满足了工程应用的需求，但是几乎所有模型都存在假定，同时进行了大量的简化，甚至是对数据进行经验拟合。因此，采用解析模型方法研究下击暴流需要进一步的发展与完善。

1.2.3 试验模拟

由于下击暴流风场结构与冲击射流类似，几乎所有试验模拟都采用冲击射流模型来对下击暴流进行物理模拟。早期的下击暴流模拟采用浮力冲击射流，通过将一种较大密度的液体释放至装有较小密度液体的箱子中，从而研究下击暴流的形态和结构。Lundgren 等[27]采用不同的流迹显示方法来观测冲击风涡环形成过程和位置，通过一圆柱形设备向淡水中注入密度稍大的盐水，由于重力大于浮力，注入的盐水下沉到预先布置的平板位置形成冲击射流，从而模拟出下击暴流流场特征。基于无黏性涡动力，他们还采用数值方法对该模型进行了分析，并且提出了相应的无量纲尺度，同时与实测下击暴流进行对比，得到了与实际下击暴流较为一致的结论。随后 Yao 等[28]继续采用相同的下击暴流模型，首次对各径向位置的速度进行了详细的测量，并且通过缩尺应用到实际下击暴流的风切变研究中。Alahyari 等[29]也通过类似的方法，采用粒子图像测速(particle image velocimetry，PIV)系统来观测冲击风流场，结果显示类似但更为具体。这些比较早期的试验装置普遍采用了极小的缩尺比(小于 1：20000)，如

表 1.1 所示，而且所测得的结果也比较局限。显然，这种方法因尺度太小而不适合研究下击暴流对结构的风荷载效应，不适合用于风工程研究。

表 1.1　浮力冲击方案及缩尺比

试验方案	密度比	雷诺数	喷口直径/m	最大速度/(m/s)	几何缩尺比	风速缩尺比
Lundgren 等	0.01~0.1	1377~6279	0.045	1.7, 2.3	1:22000	1:85
Alahyari 等	0.03	3600	0.064	2.3, 2.7	1:25000	1:300
Yao 等	0.05	3077	0.045	2.3	1:22000	1:300

后来，研究者广泛采用动量冲击射流装置进行下击暴流的风洞模拟。通过电机风扇吹风使空气通过圆形喷口，实现正交射流冲击[20,30,31]。这种方法可以实现稍大尺寸的下击暴流模拟，目前国内外大多采用这种模拟手段。最开始，这种多功能的冲击风射流装置主要用于平稳风场特性的模拟[20]，并且由于水平放置，一定程度上会受到地面对冲击壁面的影响。后来，通过将喷口悬挂在足够高处，尽量排除了地面的影响[32]。装置平板表面以辐射状同心圆布置测压孔，用于测量冲击风作用时板面的压力分布状况。装置可以研究雷诺数缩尺、边界条件(几何形状和表面粗糙度)以及进口条件的影响。这种类型的试验在后面的研究过程中得到了进一步的改进，形成了移动式壁面射流装置[31,33]。在平稳模拟中，考虑出流速度不变，可以得到不同位置处的风剖面，并通过改变喷射口的大小来得到不同射流面直径。同时，可以通过对冲击射流阀门的开启速度进行控制来实现非稳态下击暴流的模拟[33-35]。国内开展下击暴流物理模拟的时间较晚。浙江大学设计制作了大型多功能的冲击风射流装置，利用具有调节功能的平板来模拟地面，并建立了平板运动系统来模拟冲击风运动，该装置能够同时改变冲击风强度、直径、射流高度、入射倾角等冲击风参数[36]。基于该装置，邹鑫[37]采用热线风速仪对平地和坡地工况静止型下击暴流平均风场进行了详细的测试工作。王嘉伟[38]对静止型以及移动型下击暴流的脉动风场特性进行了详细的研究，分析了脉动风的统计特性以及功率谱密度函数。此外，汪之松等[39]采用可移动的动量冲击射流装置，对下击暴流作用下坡地地形建筑物风压进行了详细的研究。

动量冲击射流试验装置可以较好地模拟下击暴流的风场，得出与实际观测下击暴流较吻合的客观物理规律。研究者多采用这种装置对下击暴流风场进行研究[4,40,41]。但是，在风工程应用中需要进行较大缩尺比的气动弹性模型试验，采用这种冲击射流装置需要巨大的空间。通常，出流最大速度的高度需小于初始射流直径的 3%，因此需要提高喷口的直径和喷射功率，才能较好地测量近壁面流场。目前文献中能发现的最大的喷口直径是 5.0m[4]。但是，对于这么大一个设备，模拟下击暴流的平动(速度可达水平风速的 1/3)是非常困难的[33]。目前对移动下击暴流的研究较少,Letchford 等[35]通过试验研究了移动冲击射流的风场特征以及立方体表面的压力分布,由于喷口一般比较笨重,移动速度仅为 1m/s 和 2m/s;王嘉伟[38]进行移动冲击射流试验的喷口移动速度最大仅为 1.2m/s;方智远[42]同样采用喷口移动速度为 1m/s 和 2m/s 对移动下击暴流进行了模拟。目前对下击暴流模拟采用的移动速度很难满足实际平动速度要求,同时由于移动平台从静止加速到平稳移动状态需要一个过程,最后也需要通过液压缓冲器由匀速移动状态逐步达到静止,故移动平台在试验平台的两侧有较长的运动空间,这就提高了对移动型下击暴流模拟装置的场地要求,进一步增加了模拟的困难性。

下击暴流出流段的平均风速剖面符合典型的壁面射流特征,因此 Lin 等[43]提出了一种新的物理模型,采用壁面射流装置研究了二维平面内的下击暴流出流区域的流场特征,并在常规边界层风洞中实现下击暴流出流段的模拟[44],实现了传统风洞试验中的几何缩尺,从而使得下击暴流的风工程研究成为可能,具体缩尺比如表 1.2 所示,其中,参考 Hjelmfelt[9]对 JAWS 项目的总结,下击暴流出流直径为 400~2000m,从而估计试验的几何缩尺,风速缩尺比的参考风速为 32.5m/s 和 75m/s,前者为 Fujita[2]提出的适度结构的破坏期望风速,而后者为 AAFB 下击暴流的最大风速。随后,Lin 等[45]采用壁面射流模型对输电线结构响应进行了研究,遗憾的是,他们的研究尚未考虑下击暴流中云层的平动作用。段旻等[46]通过一个缩聚装置在边界层风洞中得到了壁面射流,从而模拟了下击暴流平均风速剖面,但是该装置无法得到协同流,同样没有考虑云层的平动作用。

表 1.2　下击暴流试验缩尺比

试验类型或人员		几何缩尺比	风速缩尺比	试验类型或人员		几何缩尺比	风速缩尺比
冲击射流	Letchford 等	1∶(400~2000)	1∶(3.3~7.5)	壁面射流试验	Lin 缩尺风洞[47]	1∶(280~1400)	1∶(3.3~7.7)
	Wood 等	1∶(1300~6500)	1∶(1.6~3.8)				
	Chay 等	1∶(800~3900)	1∶(3.3~7.5)		BLWT1 壁面射流装置[45]	1∶(60~300)	1∶(3.3~7.5)
	Xu 等	1∶(1800~9300)	1∶(2.5~5.8)				
	陈勇等	1∶(1000~3000)	1∶(2.3~5)				
	Elawady 等	1∶(100~300)	1∶(8.3~15)				

下击暴流水平出流区域的面积较冲击中心大得多,对于输电线路,其破坏位置一般位于下击暴流的出流段,而不是冲击中心。采用平面壁面射流方法,仅考虑下击暴流壁面射流段风场,忽略其冲击地面区域,可以实现下击暴流的大缩尺比风洞模拟。一般传统风洞试验中几何缩尺比是 1∶100~1∶250,基于壁面射流的风洞试验可以同样实现这个几何缩尺比,从而使得下击暴流的风工

程研究成为可能。另外，通过采用一个带有时间控制的非线性阀门函数控制喷口的开闭，可以很方便地实现对下击暴流的非稳态模拟试验[44,47]。

1.2.4　数值模拟

计算风工程作为结构风工程研究的一个重要手段，其核心为 CFD，是用计算机来近似模拟流动现象并获得由流体产生的作用力的一种技术[48]。由于现场实测以及物理试验模拟所受到的种种限制，CFD 技术也被广泛应用于下击暴流的模拟中。在下击暴流的数值模拟模型中，最常见的有两种：冲击射流模型(IJ)及冷源模型(CS)。

冲击射流模型已经被广泛地认为是下击暴流的逻辑相似模型。然而，冲击射流作为一种非常复杂的射流类型，几个关键的参数为出流直径 D、喷口与冲击壁面的距离 H、射流冲击的角度等，这些参数的改变会影响冲击射流的流场特征。由于 K-H 不稳定性(Kelvin-Helmholtz instability)在喷口附近不断地产生涡环，这些涡环在自由射流阶段对流，与相邻的涡环成对和合并，因此出流参数对近壁涡环的大小影响较大[49]。通过数值模拟方法有效准确地模拟其流场特性是有难度的，冲击射流的复杂性使其很适合于作为湍流模型性能研究的测试对象。一直以来，冲击射流在混合传热、环境以及燃烧相关的工程中有着广泛的应用，因此传统冲击射流的研究比较偏向于热力学方面，而在下击暴流的应用中，风速、湍动特性以及合理的湍流模型是学者研究的重点。

Panneer Selvam 等[50]基于冲击射流模型研究了下击暴流引起的近地面强风对工程结构设计风速的影响，采用 k-epsilon 湍流模型的结果与试验数据和实测数据吻合较好。Nicholls 等[51]使用二维大涡模拟(large eddy simulation，LES)计算了下击暴流风场，并研究了建筑模型表面的风压分布，同时指出应该采用三维大涡模拟进行进一步的研究，这是由于大涡模拟采用了空间平均的方法，二维大涡模拟是不合理的。Wood 等[20]采用 k-epsilon 模型与微分雷诺应力(differential Reynolds stress)模型对下击暴流进行了模拟，通过与试验进行对比，发现微分雷诺应力模型更适合冲击射流的模拟。Chay 等[26]模拟了具有不同直径和出流速度的下击暴流工况，研究目的并不是进一步提高 CFD 方法的准确性，而是为了表明虽然 CFD 方法在模拟下击暴流上有一定的缺陷，但仍是一种非常有效的方法。Kim 等[52]认为采用雷诺平均纳维-斯托克斯(Reynolds-averaged Navier-Stokes，RANS)方程对大尺度下击暴流流场的动力特性进行模拟是可行的，采用雷诺应力模型(Reynolds stress model，RSM)对二维静止轴对称冲击射流进行了模拟，并研究了最大风速对雷诺数的依赖性，这种下击暴流风场模拟的方法在输电塔风荷载的模拟中得到了广泛的应用[53]。Sengupta 等[40]采用不同的湍流模型对冲击射流进行了数值模拟，通过与对应的试验进行验证与对比，发现 LES、Realizable *k-ε* 模型及 RSM 与试验结果更为吻合。Mason 等[54]同样通过试验以及不同湍流模型对冲击射流进行了模拟，研究了地形地貌对下击暴流出流段风场的影响，发现剪切应力传输(shear stress transport)模型更适合冲击射流模拟。Abd-Elaal 等[55]采用分离涡模拟(detached eddy simulation，DES)方法研究了不同参数时下击暴流非稳态风场，并且与几个实测数据进行对比分析，估计得到了几个实测下击暴流时间的特征参数，同时还分析了非稳态风场的缩尺依赖性，并且成功地模拟了第二个涡环之后的一系列涡环，表明 DES 方法在近壁面涡环时较为有效。随后 Abd-Elaal 等[56]采用相同的计算域以及湍流模拟方法，通过对两种地形进行实际建模，研究了实际地形对下击暴流风剖面的影响，发现在高度较低的倾斜表面，下击暴流的竖向风速有明显的增大。Aboshosha 等[57]采用 LES 方法对不同开放地形时下击暴流的脉动特性进行了研究，其地表粗糙度采用了随机傅里叶模型来进行模拟，但是这种粗糙度只是气动意义上的，并非实际地形。

冷源模型也称为次云模型(sub-cloud model)，是对积云模型做出一定的假设，并且进行一定的简化发展得到的[17]。采用冷源模型的下击暴流研究最开始主要集中在气象领域[58,59]，后来风工程研究者开始通过冷源模型对下击暴流流场进行研究。Mason 等[60]采用冷源模型对下击暴流进行了参数分析，研究了出流尺度、出流强度、持续周期以及地表粗糙度的敏感性，同时还考虑了地形对下击暴流的影响。Vermeire 等[61]采用冷源模型，通过大涡模拟方法对下击暴流出流进行了参数分析，研究了时间及空间参数的影响。随后，Vermeire 等[62]和 Zhang 等[63]对比了冷源模型与瞬态脉动冲击射流的近地面流场特征，发现两种方法的结果具有较大的差别，Vermeire 等[62]认为这种差异来源于冲击射流模型一些不切实际的力的参数，而 Zhang 等[63]认为原因在于两种模型中主要涡的形成与传递过程不同。总体而言，冷源模型在模拟下击暴流瞬态特征时与实际情况更加吻合。Oreskovic 等[64]提出了一种简单的缩尺轴对称模型来模拟下击暴流，同时与通过冷源模型模拟的足尺下击暴流进行对比，发现了源的强度与出流强度呈非线性关系，这与冲击射流的线性关系相反。虽然冷源模型在模拟下击暴流瞬态特性时较冲击射流模型有一定的优势，但是其源函数中包含的时间参数和空间参数的取值却没有一个较为准确的准则，只能根据少量的实测数据进行经验性判断，同时进行较大尺度的风洞试验极为困难，只能进行尺度较小的试验[27-29]，这也极大地限制了冷源模型在风工程研究中的应用。

1.3　壁面射流研究现状

壁面射流是一种高湍流的流动，几个关键的参数是初始风速、喷口高度、最大风速、半高和边界层厚度等参数。典型壁面射流顺流向平均风速剖面如图 1.8 所示，其中 U_j 为出流速度，U_E 为外部协同流速度；U_m 和 y_m 分别为顺流向任意位置风剖面的最大速度及其所在的竖向高度；$y_{1/2}$ 是最大风速一半所在的竖向位置，x 为壁面射流顺流向的距离。

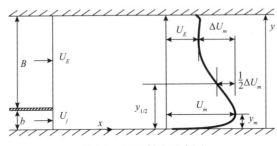

图 1.8　壁面射流示意图

1.3.1　试验研究

早期对壁面射流的研究主要采用热线风速仪，风洞尺寸也很小。Wygnanski 等[65]对没有外部协同流的壁面射流进行了系统的试验，入口雷诺数分别为 3700、5000、7500、10000、15000、19000，考察了不同参数下壁面射流的规律。随后 Zhou 等[66]进行了大量有外部协同流的壁面射流试验，同样考察了大量参数的变化及具有外部流的壁面射流规律。由于这些试验风洞均较小，为 0.305m×0.305m，风洞的其他壁面可能对流场有影响。后来研究者采用激光多普勒速度测量仪，得到了壁面射流平均速度以及湍流结构更准确、更详细的数据[67,68]。同时由于壁面摩擦阻力对壁面射流的影响较大，研究者对粗糙壁面射流进行了研究，采用不同目数的砂纸代替光滑的壁面来研究壁面射流的流场特性[69-71]。Dunn[72]和 Tang[73]采用粒子图像测速法，在一个水箱试验设备中详细研究了光滑及砂纸粗糙壁面时壁面射流的平均流场特性，确定了在不同壁面条件下壁面射流的部分相似特性。但是这些研究采用的流体大都为液体，而且雷诺数也较小，没有考虑协同流的作用，对采用壁面射流的风工程研究参考价值有限。McIntyre[74]和 Lin 等[47]考虑了均匀协同流，但是风洞尺度太小，尺寸为 0.36m×0.28m×3.4m。国内学者徐惊雷等[75]结合试验和数值模拟对射流进行了综述，指出了其巨大的应用前景和未来研究的方向；讨论了各种因素如喷口、小尺寸紊流、封闭板及入射流的影响，不过其主要探讨的是自由射流，没有讨论壁面射流的情况。

从上述研究可见，研究者对壁面射流的研究做了大量的工作，但是大部分研究者从纯理论的角度探讨壁面射流的规律。湍流的产生显然和壁面有关，上述研究没有从流体为空气且较高雷诺数的角度去考虑壁面射流流场特性，也没有考虑有协同流壁面射流的流场特性，离土木工程应用仍然有相当长的距离。

1.3.2 数值模拟

计算流体动力学在壁面射流的研究中占据了非常重要的地位，近些年来，学者对壁面射流进行了大量的数值模拟工作，也取得了一些进展。同时，由于壁面射流的复杂性，壁面射流通常作为检验湍流模型的研究对象，在湍流模型的研究中也占有重要的地位。

早期的数值模拟是采用湍流的两参数模型来求解动量方程和连续方程的离散格式。由于工业和热传导过程中广泛使用的标准 k-ε 模型具有健壮、经济和合理的精度等特点，这种模型也被用来模拟平面湍流壁面射流。标准 k-ε 模型(两参数)的提出者 Launder 首先提出了壁面射流模拟的困难性，认为这是一项极具挑战性的工作[76]。其在利用该模型分析壁面射流之后，计算结果中关于壁面射流扩展率比试验结果大 30%，在最大速度和零剪切应力区间，有个区域具有湍动能的负产生特征。研究表明现有基于布西内斯克黏(Boussinesq viscosity)假设的模型均不能预测这个区域。采用 k-ε 模型模拟壁面反射的湍流压力的困难性在于该模型对流线曲率、负压梯度以及边界层分离的敏感性。由于壁面射流的各向异性特征和非线性特征，Launder 和许多研究者尝试基于雷诺应力的 RSM 方法进行模拟。分析结果表明，误差仍然达到 20%。由于早期的尝试失败，寻求适合壁面射流的湍流模型的研究逐渐减少。Pajayakrit 等[77]选择了四种湍流模型，并且将其应用到原始的公式中，研究表明，四种湍流模型均和试验不相吻合，对这些模型进行修改，但是也不能保证适合用于其他工程中的壁面射流。Tangemann 等[78]做了进一步的研究，其采用了三种版本的 k-ε 模型。研究表明，不同的版本只能有效预测流体的不同特征，没有任何一种方法能预测壁面射流的所有特征。Klinzing 等[79]基于流体力学软件 Fluent，分析了各种湍流模型和壁面函数对射流的影响，研究表明模拟壁面射流的最优湍流模型为标准 k-ε 模型以及增强的近壁面处理模型。由于不同模型在不同的距离处精度不一致，其判断的依据是 $20b$(b 为壁面射流喷口高度)距离处吻合较好即认为模型合理(即使 $40b$ 处有较大误差)，这是值得商榷的。研究者对 k-ε 模型进行了进一步的改进，提高了其模拟性能，得到一些改进模型如重正化群(renormalization group，RNG)k-ε 模型以及 realizable k-ε 模型。然而，采用 RNG k-ε 模型对入口雷诺数为 2200 的平面壁面射流进行模拟，结果表明该模拟并未有效预测到外部大尺度湍流的影响[80]。此外，从大量的试验可以知道，剪切流在近壁面具有极强的各向异性。因此，v^2-f 湍流模型以及非线性 k-ε 模型被用来更好地处理壁面射流的各向异性[81]。结果表明，非线性 k-ε 模型很适合于非均匀近壁面流场区域和各向异性雷诺应力的模拟。

通常，平面壁面射流被认为由两层剪切流组成，包括外层的剪切流以及内层壁面边界流。k-ω 模型通常被认为在模拟逆压梯度边界层流场和流体分离方面具有较好的性能。Khosronejad 等[82]采用低湍流雷诺数的 k-ω 模型和标准 k-ε 模型对三维壁面射流进行模拟，结果表明前者对壁面射流各方面的模拟性能，包括壁面摩擦系数以及射流扩展率，较后者的准确度要高 4%左右。而壁面射流的另外一个特征，即零切应力面以及最大速度所在位置并不相同，要准确模拟这个特征也是困难的。Tangemann 等[78]发现壁面射流中存在湍动能负产生区域，采用 Boussinesq(布西内斯克)黏性湍流模型处理无法正确模拟。随后 Tangemann 等[83]用代数雷诺应力(algebra Reynolds stress，ARS)模型求得零剪切应力和最大速度点的正确位置，其中，法向应力的方程与通过湍动能产生来表示的剪切应力相联系。然而，该模型涉及湍流模型参数的不断修改，并不具有一个固定的形式，因此限制了这种方法的广泛应用。

随着计算机技术的不断发展，不需要采用任何湍流模型，直接数值模拟(direct numerical simulation，DNS)可以用来对纳维-斯托克斯(Navier-Stokes，N-S)方程进行求解，理论上可以得到相对精确的计算结果。但是，DNS 要求的空间网格以及时间步长应该达到科尔莫戈罗夫(Kolmogorov)尺度，远远高于典型RANS 模型计算要求。此外，DNS 需要足够长的计算时间来获得流场稳定的统计量，特别是对壁面边界层的模拟。为了采用 DNS 方法进行壁面射流模拟，高性能的并行计算机是必需的，同时只能模拟非常低雷诺数的受限壁面流场。这就导致采用 DNS 方法计算壁面射流的代价非常高昂，现有的计算机能力要满足壁面射流的工程计算需求是极为困难的。目前文献中存在采用 DNS 计算的最大雷诺数为 7500[84,85]。同时，计算域的尺寸也受到极大的限制，模拟的最大顺流向距离约为 50 倍射流喷口高度[84,86]。

大涡模拟(LES)是一种完全不同的方法，在涡的模拟中，空间平均取代了时间平均，大尺度涡与小尺度涡通过空间过滤的方法进行分离，大尺度涡直接进行计算，而小尺度涡则通过建立模型来进行模拟。在与试验结果保持相同精度条件下的模拟中，LES 方法需要的网格数量以及计算时间远远少于 DNS 方法[87]。LES 能计算更大雷诺数的射流，或者在计算相同雷诺数射流时比 DNS 的计算成本更小[88]。壁面射流需要一个较长的顺流向距离从而达到完全发展阶段，同时为了准确模拟较高的雷诺数，LES 是非常适合壁面射流模拟的[89,90]。Banyassady 等[91]采用 LES 方法模拟了雷诺数为 40000 的壁面射流，结果表明局部雷诺数对壁面射流的特性有重要影响。

可以看出，所有的模拟方法都存在局限或者有所缺陷。由于壁面射流需要较长的顺流向距离进行完全发展，在工程应用中使用计算成本较低的 RANS 模型是切合实际的。雷诺应力模型(RSM)是 RANS 湍流模型中最复杂的一种。RSM 抛弃了各向同性涡黏性假设，通过求解雷诺应力的输运方程和耗散率方程来封闭 RANS 方程。压力-应变和耗散率项的建模，如线性压力-应变模型(linear pressure-strain model)、二次压力-应变模型(quadratic pressure-strain model)、应力-比耗散率模型(stress-omega model)或其他压力-应变模型(pressure-strain model)，通常被认为是影响 RSM 模拟精度的原因[79]。Tornstrom 等[92]采用不同的 RSM 对三维壁面射流进行模拟，结果表明二次压力-应变模型比线性压力-应变模型得到的结果与试验更加吻合。然而，线性压力-应变模型和二次压力-应变模型均采用与标准 k-ε 模型类似的耗散率 ε，而应力-比耗散率模型采用的是基于标准 k-ω 湍流模型的耗散张量。

雷诺应力在流体力学的控制方程中占有重要的地位，由于质量、动量和能量的输运主要受大尺度涡的影响，而大尺度的涡输运了大部分的雷诺应力。与 RANS 模型采用的方法相比，LES 方法对大尺度涡进行了直接计算，而小尺度的涡则通过模型进行模拟，因此 LES 能够更加准确地预测雷诺应力。

综上，不同的湍流模型对于自由射流、冲击射流和壁面射流的适用情况是不一样的。虽然有很多学者试图去解决壁面射流的模拟问题，但是基于壁面射流湍流的复杂性，目前尚无适合壁面射流数值模拟湍流模型的普遍结论。

1.3.3 有协同流壁面射流研究

在大部分实际情况中，壁面射流通常存在外部环境流场，本书定义与壁面射流流动方向一致的外部环境流体为协同流(co-flow)。对于无协同流壁面射流的研究，国内外学者进行了大量详细的工作，但是对有协同流壁面射流的研究却较少，由于外部协同流的出现，壁面射流受到外部影响的因素会增多。Bradshaw 等[93]针对有协同流壁面射流进行了早期的试验研究，他们发现当射流初始动量厚度与协同流动量亏损厚度之比小于 5 时，壁面射流将在离射流出口较近的距离内吸收外部协同流。Zhou 等[66]通过大量有协同流的试验来研究初始出流速度比与雷诺数对壁面射流发展的影响，他们研究的风速比范围为 0.085～0.93，发现初始出流速度比对壁面射流的扩展率有较大的影响；但是不管是雷诺数还是速度比，对最大风速所在高度的影响都可以忽略。

另外一个影响有协同流壁面射流的因素就是壁面射流域的几何参数，Kacker 等[94]对此进行了一系列的试验，研究了在四种不同出流速度比条件下壁面射流与协同流之间隔板厚度的影响，其采用的隔板厚度与壁面射流喷口高度之比为 0.126 与 1.14，试验结果表明隔板厚度对靠近喷口的速度剖面以及湍流量有影响。在采用壁面射流模型模拟下击暴流时，隔板的厚度通常不能被忽略，并且隔板厚度对薄膜冷却的效率也是一个重要的影响因素，因此研究隔板的厚度对有协同流壁面射流的影响是非常有必要的。同时，由于壁面射流的卷吸作用，有效的流域长度可能会受到协同流高度的影响。在常规边界层风洞中采用壁面射流模拟下击暴流出流段时，为了确定壁面射流是否完全发展，以及是否受到顶部壁面的影响，有必要研究协同流高度对壁面射流的影响。McIntyre 等[95]通过试验研究了不同协同流高度以及不同隔板厚度对壁面射流的影响，发现隔板厚度对最大风速有影响，但是并没有发现明显影响规律，通过对不同风洞高度的壁面射流风剖面进行研究，发现风洞顶板会在距离喷口较远的位置影响二维性，并且会导致壁面射流风剖面上部的缺失。对有协同流的数值模拟主要集中在研究速度比的影响，Tangemann 等[83]模拟了三种速度比的带协同流壁面射流，为了改进对湍动能负生成量的预测，他们提出了一种结合两方程湍流模型的代数应力模型。Naqavi 等[90]采用 LES 研究了风速比为 0.3～2.3 时，壁面射流与协同流之间的相互作用情况。Ben Haj Ayech 等[96]采用修正的低雷诺数 $k\text{-}\varepsilon$ 模型研究了风速比为 0～0.2 时，等温以及不等温有协同流壁面射流，他们发现在靠近射流喷口位置，风速比的影响是可以忽略的，随着风速比的增大，壁面射流的扩展率减小，而最大风速增大。

1.3.4　考虑壁面粗糙度的壁面射流研究

1. 粗糙度的试验研究

关于粗糙度的研究，较多地着重于传统的大气边界层风场，地表风在达到一定的高度处，不会受到地面的影响，会形成梯度风，而流经人类活动空间的近地面时会不可避免地遇到各种障碍物，如地球表面的山川、丘陵、森林、砂砾以及各式各样的人工构筑物等的障碍物，即使是在流经江、湖、海等的水面，波浪也会有阻风的效果，这些都会对风产生摩擦阻滞的作用。一般地，若风吹过地面上的障碍物大且密集，则认为该处地表是比较粗糙的；若地表面障碍物少且稀疏，则认为该地表是略微粗糙的。在地表这种障碍物的影响下，气流会被打乱，紊乱程度增大，瞬时风速的随机性变大，气流平均速度下降，即平均风速降低，湍流度增大，这是传统大气边界层的显著特点。而下击暴流的出流段在近地面处流动和发展，与传统大气边界层受地面粗糙度影响一样，其出流段同样受地面粗糙度影响较大。本书研究不同粗糙度对壁面射流的影响，对结构的抗风设计同样具有重要意义。

而气流在流经不同的障碍物时，所受到的影响不同。地球表面不同地区的地貌状况和粗糙程度可能是不同的，例如，部分地区山川、丘陵较多，而部分地区多为平原，因此不同地区的近地边界层的风特性会由于受到障碍物影响不同而存在较大的区别。为了区分不同地表的粗糙度，人们粗略地对不同地区的地貌状况(或地表粗糙度)进行分类，并用"粗糙高度"(又称"地面粗糙长度")的特征高度参数来表征不同类别地表的粗糙程度，该参数是一个具有统计意义的高度。拜格诺[97]最早提出地面粗糙度的概念，他在风洞试验与野外研究中发现在有固定砂砾的地面上，将高度坐标(纵坐标)改用对数尺度，则与风速(横坐标)满足线性的关系，这说明风速与高度为对数关系，在对数尺度的坐标中，风速与高度的直线会在纵坐标的某个位置相交，这个交点定义为地面粗糙度，并且拜格诺发现这一值约等于砂砾直径的 1/30，但这只适用于随机分布的砂砾情况，而且这一结果后来也被人们广泛接受。后来 Wolfe 等[98]研究发现，粗糙元的密度对地面附近的气流有显著的影响，这表明粗糙度具有动力学性质，因此地面粗糙度又称空气动力学粗糙度，用 z_0 表示，并且这个表示方法一直沿用至今。

关于空气动力学粗糙度 z_0 的计算，从最基本的风速廓线出发，对数律大气底层强风速度廓线表达式为[99,100]

$$U(z) = \frac{U^*}{\kappa} \ln\left(\frac{z}{z_0}\right) \tag{1.1}$$

式中，$U(z)$ 为高度 z 处的平均风速；U^* 为摩擦速度；κ 为卡门常数。

当下垫面有粗糙度存在时，对数律风速剖面修正为

$$U = \frac{U^*}{\kappa} \ln\left(\frac{z - z_d}{z_0}\right) \tag{1.2}$$

式中，z_d 为零平均位移，具体物理意义解释如图 1.9 所示。

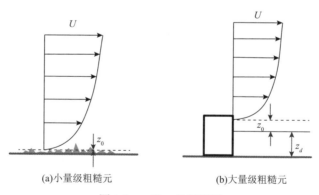

(a)小量级粗糙元　　　　　(b)大量级粗糙元

图 1.9　z_d 和 z_0 的解释图

需要说明的是，图 1.9(a)中的粗糙元量级可以认为趋于无穷小，即可认为几乎不存在粗糙元，而图 1.9(b)中为正常尺度的粗糙元。在图 1.9(a)中，空气动力学粗糙度表示为风速轮廓线垂直下降至风速为零时的高度，这种情况下，零平面位移是不存在的。当存在如图 1.9(b)所示的粗糙元时，空气动力学粗糙度的起点会上移，这个高度即零平面位移，而不同粗糙元会形成不同的空气动力学粗糙度，由此会导致不同的零平面位移。Thom[101]在风洞中利用植物研究了以植物为圆柱的周围阻力和上方的风速剖面，发现零平面的高度刚好为粗糙元引起的平均阻力的

平均高度。之后 Jackson[102]又研究发现，零平面的高度是作用在粗糙元壁面上由粗糙元引起的平均阻力对流体起作用的高度，近似等于粗糙元物理高度的 70%。

　　通过风速轮廓线计算粗糙度的方法一般都假设流体流经粗糙面后完全发展，此时空气动力学粗糙度 z_0 不受发展长度的影响，几乎完全取决于粗糙表面的几何特性，包括粗糙元的间距、粗糙元的挡风面积等。粗糙元的密度 λ 可表示为

$$\lambda = bh / D \tag{1.3}$$

式中，b 为粗糙元宽度；h 为粗糙元高度；D 为粗糙元间距。Wooding 等[103]研究发现在粗糙元密度远小于最大粗糙密度，即 $0 < \lambda < \lambda_{max}$（$\lambda_{max}$ 的取值为 0.1～0.3）时，z_0/h 会随着 λ 增加线性增长，而后在增长到一定程度后，会随着 λ 的增大而快速增大。z_0/h 的最大值和 z_0/h 及 λ 的关系式与粗糙元的几何参数有密切关系。

　　后来有些学者又着力于探究空气动力学粗糙度 z_0 与粗糙元几何参数的关系，Lettau[104]通过风洞试验探究了较小粗糙元密度下的空气动力学粗糙度，并提出了经验表达式，随后 Wooding 等[103]在此基础上加以改进，并得到在粗糙元密度远远小于最大密度时的近似粗糙度与粗糙元关系的表达式：

$$z_0 = 0.5h\frac{A_r}{A_t} \tag{1.4}$$

式中，A_r 为单个粗糙元的迎风面积；A_t 为粗糙元的占地面积。

　　之后 Macdonald 等[105]在 Lettau 的基础上探究了较大粗糙元密度时的粗糙度与粗糙元经验公式，发现在粗糙元密度较大时，空气动力学粗糙度会随着粗糙元密度的增加呈现非线性减小的趋势，由 Wooding 等[103]和 Macdonald 等[105]的结果可知，空气动力学粗糙度随着粗糙元密度的增大会先增大后减小，中间会存在一个极值。Shao 等[106]利用风洞试验和数值模拟对这个极值做了探究，其首先推出了零平面位移和空气动力学粗糙度 z_0 的经验公式，之后发现，当粗糙元的密度为 0.2 时，空气动力学粗糙度 z_0 的值最大，此时的阻风效果也最好。

　　关于粗糙元阻力大小如何确定的问题，Yaglom[107]和 Raupach 等[108]提出摩擦系数的概念，用 C_D 表示，它主要取决于地面粗糙元的几何特征参数，即不同的粗糙度下，摩擦系数是不同的，其表达式为

$$C_D(z) = \frac{\tau}{\rho U^2(z)} = \frac{u_*^2}{U^2(z)} \tag{1.5}$$

式中，$U(z)$ 为高度 z 处的平均风速；τ 为地表剪切应力；ρ 为空气密度；u_* 为摩擦速度，$\tau = \rho u_*^2$。

　　其中 $C_D(z)$ 只取决于高度，所以该表达式适用于水平方向上差异较小的地貌，对于各向异性的粗糙地面，该公式并不适用，而且只适用于粗糙度较低的情

况下。在大气边界层的近地面区域，平均风速近似于对数律，在此区域内的雷诺应力($-\rho\overline{u'w'}$)在竖直方向上可看成定值，其大小根据风速变化梯度与理论结合得到，此区域内摩擦速度表示为 $-\overline{u'w'} = u_*^2$。

关于计算粗糙元剪切应力的研究，Schlichting 等[109]最早提出了将剪切应力分解的理论，将总剪切应力 τ 分解为粗糙元上的剪切应力 τ_R 和作用在下垫面的剪切应力 τ_S：

$$\tau = \tau_R + \tau_S \tag{1.6}$$

后来，Marshall 等[110]在风洞中布置圆柱和半球体的粗糙元，并将其分别按照整齐排列、直径高度比为 0.5～5、间距高度比为 1～59 和随机排列四种方式进行试验探究，发现粗糙元引起的剪切应力与粗糙元的形状有很大的关系，基于这一研究基础，Wooding 等[103]提出了剪切理论的经验表达式：

$$\left(\frac{\tau_R}{\tau}\right)^{1/2} = c_1 + c_2 \ln \lambda \tag{1.7}$$

$$\left(\frac{\tau_S}{\tau}\right)^{1/2} = a_1 + a_2 \ln \lambda \tag{1.8}$$

式中，c_1、c_2、a_1、a_2 为经验常数；λ 为粗糙密度。

以上多为通过布置粗糙元的方式对地面粗糙度的试验研究。

卢浩等[111]通过对不同随机高度的粗糙元壁面槽道湍流进行模拟，发现随着粗糙元高度的增加，流动阻力增大，流向平均速度减小，雷诺剪切应力增大。

2. 数值模拟中粗糙度的研究

随着计算机的不断发展，数值模拟由于成本低、周期短等特点得到越来越广泛的应用。准确地模拟大气边界层下垫层流动是建筑工程中获得准确数据的关键步骤。地面粗糙度是影响大气边界层下垫层流动的重要因素，因此在数值模拟中准确模拟地面粗糙度成为一个关键问题。目前常用的模拟地面粗糙度的方法有以下几种。

1) 壁面函数法

数值模拟中，不同的湍流模型都是求解充分发展的湍流，换句话说，这些模型都是高雷诺数的湍流模型，它们更多地用来求解处于湍流核心区域的问题。而壁面函数就是对近壁区的半经验描述，是对某些湍流模型的补充。同样，壁面函数也可解决一些地面粗糙的问题，其优点在于它可以直接指定空气动力学粗糙度，无须再进行与粗糙元之间的换算，这对建筑风工程的应用是非常重要的，在区分地面粗糙度时，只有建筑风工程中对地面进行了定量分析，可以通过空气动力学粗糙度来判定地面粗糙的程度。Businger 等[112]、Schumann[113]、Thomas 等[114]和 Xie 等[115]均采用壁面函数法或者其改进方法进行了地面粗糙度的模拟。

但是壁面函数法在模拟地面粗糙度时有显著的缺点：由于壁面函数本身就是对近壁面的半经验处理，它需要利用第一层网格节点处的速度来计算由粗糙度引起的阻力，而提取第一层网格的速度时，需要在网格高度 Δz 的一半处提取，该高度称为 z_P。z_P 需要高于物理粗糙高度 k_s，物理粗糙高度与实际障碍物的高度有关，约等于 $30z_0$。同时，z_P 又必须要位于风速轮廓线的对数分布律区域内部[110,116]。这与壁面函数与地面粗糙度引起的剪切应力有关，如果速度提取点 z_P 的垂直位置低于物理粗糙高度 k_s，那么会导致壁面函数计算的剪切应力是错误的，因此也会模拟出错误的风剖面。Vermeire 等[62]的工作表明 z_P 位于风速对数律分布区域内部是可行的，但 Tsai 等[117]研究表明，对于非常粗糙的地形，这种方法不是很准确，这对模拟最大地面粗糙度有一定的要求，即 $60z_0 < \Delta z$，这个限制对于较为粗糙的地面是非常苛刻的。如果需要建立一个地面粗糙度 $z_0 = 0.5m$ 的地形，第一层网格的厚度应该为 30m，这显然是不现实的。

2) 地形跟随坐标法

地形跟随坐标(terrain-following-coordinate)法[118,119]将网格坐标用于跟踪地形，将底部实际地形转换为矩形区域。这种转换导致了控制输运方程的显著变化。也正是因为这种变化，带来了计算的复杂性和成本。当地形粗糙变化不明显时，这种方法精确性较高[120]，但由于计算成本也较高，这种方法应用较少。

3) 浸没边界法

在处理障碍物附近的湍流模拟时，浸没边界法(immersed boundary method, IBM)是一种较为稳健的方法，最初由 Peskin[121]提出用于解决心脏内壁弹性扩张或者收缩引起的心脏内紊动血流问题。这种方法将物体边界与流体的相互作用通过在流体运动方程中加体积力项来体现，整个流场采用简单的笛卡儿网格。在模拟地面粗糙度时，该方法将障碍物引起的阻力通过体积力项添加到流体动量方程中。对于流体流经障碍物的情形，Iaccarino 等[122]、Mittal 等[123]提出通过体积力将障碍物内部节点速度瞬间设为零，另外，在障碍物边界的第一层网格上，Tamura[124]提出用体积力来表示由障碍物引起的阻力和剪力。IBM 只需要建立笛卡儿网格，因此应用较为广泛。

4) 基于表面梯度的阻力模型

当模拟大气边界层流经大型复杂地形时，以上几种方法需要耗费巨大的计算资源，这促使了一种新方法的产生：基于表面梯度的阻力(surface gradient-based drag, SGD)模型。该方法最初由 Anderson 等[125]提出，之后由 Aboshosha 等[57]修正。最初的 SGD 模型与文献[126]～[128]的数据对比显示了非常精确的流速和雷诺应力分布。这种方法最主要的缺点和大多数壁面函数法一样，需要将物理粗糙

高度放置于第一层网格下。Aboshosha 等对此缺点进行了修正，修正后的 SGD
模型无须再将物理粗糙高度放置于第一层网格下。为了探究 SGD 模型对随机粗
糙面的适用性，Anderson 等将 SGD 模型应用到由随机傅里叶代码(random
Fourier code，RFC)合成多尺度曲面。该方法将空气动力学粗糙度 z_0 引入随机傅
里叶代码中，通过改变 z_0 来合成不同程度的粗糙表面。Aboshosha 等利用 RFC
方法建立起 z_0 为 0.1m、0.3m、0.7m 的粗糙度表面，并分别与大气边界层风剖面
进行了验证，最终显示结果吻合较好。

　　综上所述，以往对壁面射流的试验研究多为低雷诺数的水流试验，很难达到
实际下击暴流内部的高雷诺数要求。大涡模拟能较好地模拟壁面射流，而对传统
大气边界层的粗糙度研究较为成熟，但较少应用于壁面射流中。同时，由于壁面
射流的近壁面特性，在数值模拟中很难考虑粗糙度的影响，这导致无法准确评估
不同地貌下下击暴流的壁面射流段风场。

1.4　下击暴流作用下输电塔风振特性研究

　　风作用下结构所受气动合力可以分解为沿平均风向作用下的阻力(顺风向)和
垂直于平均风向作用的升力(横风向)，同时由于风气动合力的作用点与结构的弹
性中心以及质量中心一般不重合，结构还会受到扭矩的作用[99]。常规边界层风
场中结构顺风向响应理论已经非常成熟，然而下击暴流这种短期、瞬时的非平
稳风场的结构响应计算方法并不完善，仍处于不断研究过程中。

　　Choi 等[129]通过对下击暴流风速采用移动平均的方法，对传统的阵风响应因
子进行修正，研究了下击暴流作用下单自由度系统的动力响应。Chen 等[130]提出
了确定-随机模型来模拟下击暴流，使用确定的平均风以及均匀调制的随机过程
来得到下击暴流风速时程，然后计算了悬臂结构的非平稳动力响应，结果表明
下击暴流的脉动风是不能忽略的。随后 Chen 等定义最大动力响应与最大静力响
应的比值为最大动力放大因子，采用实测的风速数据，假设下击暴流的竖向风
为线性完全相关的，通过把英国联邦航空研究咨询委员会(Commonwealth
Advisory Aeronautical Research Council，CAARC)建筑简化为一个二维的简支悬
臂梁和一个基础转动的单自由度刚体，建立了响应的最大动力放大因子
(maximum dynamic magnification factor，MDMF)，对相关参数进行了研究，得
到了 MDMF 作为结构一阶频率以及一阶模态阻尼系数的函数，最后考虑了阵风
剖面的影响以及建筑物特性对 MDMF 的影响。Chay 等[131]采用了与 Chen 等类
似的方法，通过定义最大动态位移与最大力引起的静态位移之比为下击暴流的
动力响应因子，采用自回归移动平均湍流模拟得到下击暴流湍流脉动，计算了
模拟 AAFB 风速作用下单自由度体系的响应，结果表明高自振频率时下击暴流

和边界层风的动力响应因子区别不大，低自振频率和低阻尼比时下击暴流产生的激励较小。Holmes 等[132]定义最大响应因子为在相同时域内等效静力荷载的最大值与下击暴流风力的最大值之比，通过计算在实际下击暴流(Lubbock，Texas in 2002)实测风速下单自由度系统的动力响应因子，得到了类似于地震作用的响应谱。Chen[133]采用进化谱的方法计算了高层建筑的响应，通过气动导纳和联合接受函数来表达非平稳气动力特性，研究了时变平均风速、竖向平均风速剖面以及脉动风空间相关性对结构响应的影响。Kwon 等[134,135]定义了一个类似阵风荷载因子的阵风前端因子(gust-front factor)来考虑下击暴流对结构的荷载，并且将相应的分析框架和计算流程通过一个门户网站来展示，便于工程的应用。Huang 等[136]采用进化谱理论模拟了下击暴流的风速时程，从而得到了荷载的时程来计算高层建筑的响应，并且与 Chen[133]频域分析进行了比较，结果表明两种方法得到几乎一致的脉动响应的时变均方根值。Solari 等[137]采用响应谱的方法计算了单自由度系统的顺风向响应，并且还定义了下击暴流的基础反应谱。随后，Solari 等[137]在单自由度下击暴流响应谱理论的基础上，提出了在指定风剖面、湍流特性以及部分相关风场中，真实空间多自由度系统的下击暴流响应谱理论，对实际工程计算以及简单的规范应用是非常合适的。

可以看出，上述研究从时域分析以及随机过程频域分析的角度对简化结构在下击暴流作用下顺风向响应计算方法进行了一定程度的研究，取得了许多有价值的成果，但是与实际的工程应用仍然有一定的距离。

除了对下击暴流下简化结构的响应研究，输电塔线体系的响应也受到了工程界的广泛关注。由于铁塔的高柔性、导地线和绝缘子串的几何非线性以及塔线之间的耦合作用，输电塔线体系对强风激励作用较为敏感，容易发生动力疲劳和失稳等现象。因此，对下击暴流中输电塔线体系寻求更精确的抗风设计是保证其安全性的重要依据。国内外学者根据分析问题的侧重点不同，对输电塔线体系的动力计算模型和动力特性进行了大量的研究。尤其是国内，自 2008 年冰雪灾害导致输电塔大规模倒塌事故和特高压示范线路的大规模建设，众多高校进行了大量的风洞试验、理论分析等研究工作，这里不再列举。以上试验均为自立式铁塔，风场基于现行规范规定的大气边界层，得出了许多有价值的成果[138-154]。

虽然下击暴流是导致输电塔大规模破坏的主要原因，对于下击暴流输电塔的风振响应却刚刚起步不久。由于下击暴流的非平稳特性，时域方法被广泛应用于下击暴流的输电塔线体系的风振研究[155-168]，这些研究均是对下击暴流作用下输电塔线体系的响应及受力分析，研究结果表明导线荷载对输电塔有较大的影响，同时还发现在下击暴流风场中，由于风场发生的范围较为局限，并且风剖面与常规边界层风场不同，最大风速发生的位置更靠近地面，下击暴流作用下输电塔自身所受到的荷载是不可忽略的，导线荷载与输电塔自身受到的荷载几乎是一个数量级[162]。因此，研究下击暴流作用下输电塔的响应特征是研究下击暴流作用下塔线体系响应的前提和基础。

Savory 等[169]首次将 Holmes 等给出的经验模型应用于分析格构式输电塔在下击暴流风下的倒塌破坏。他们基于 ABAQUS 平台模拟了单输电塔在下击暴流下的破坏。其中，气动风荷载及相应的塔结构分析中有较多的计算简化，仅仅考虑了单塔，未考虑导线的影响。另外，这一模型仅仅考虑准定常冲击暴流，也没有考虑脉动风，由此得到的结果是偏于危险的。Darwish 等[170]采用 Shehata 等[53]的建模方法对自立塔的特性及破坏模式进行分析，找出了导致输电塔杆件最大轴力的下击暴流结构，分析了下击暴流尺寸和位置对塔架单元内力的影响，最后通过与大气边界层风作用下塔架的力学特性进行对比，结果表明，当输电塔与下击暴流角度为0°或者90°时，采用 ASCE No. 74 (2010)规范进行输电塔线设计是足够的，但是位于两者之间的角度时，按照该规范进行设计是不安全的。王昕等[171]模拟了移动下击暴流风场风荷载，采用时域方法研究了不同尺度下下击暴流风场对输电塔风致响应的影响规律，发现输电塔响应受下击暴流的尺度影响较大，当最大风速为 60m/s 时位移动力放大系数为 1.4。杨风利等[172]基于美国土木工程师协会(American Society of Civil Engineers，ASCE)关于高强度风区域输电线路设计的相关规定，提出下击暴流作用下输电线路的设计荷载取值建议。采用 Vicroy 风速剖面模型，计算得到内陆和沿海地区典型输电铁塔在下击暴流作用下的风荷载，通过建立输电铁塔空间有限元分析模型，进行结构受力分析，研究输电铁塔在下击暴流作用下的受力特征和破坏模式。刘慕广等[173]基于段旻等[46]提出的下击暴流模拟装置，进行了下击暴流作用下输电塔的风振位移响应特性研究，发现输电塔的风振响应均以两个方向的一阶弯曲振型为主，扭转响应和高阶弯曲响应不显著。

综上所述，下击暴流作用下输电塔的分析计算几乎都基于时域方法，针对输电塔在下击暴流作用下的频域分析却少有研究，而常用的非平稳频域分析方法仅仅局限于简化的高层建筑。虽然输电塔的风致动态响应与高层建筑类似，但是也有着明显的区别。与形状较为规则的高层建筑相比，输电塔的柔性更大，阻尼比更小，并且单位高度的质量更小，导致气动阻尼也更大，同时其基本模态形状的非线性更强，对风荷载更加敏感。因此，提出合适的下击暴流作用下输电塔架的频域计算方法是非常有必要的。

1.5　下击暴流作用下输电线响应研究

输电线作为输电线路中的重要组成部分，是一种典型的大跨越柔性结构。其特点是在低频率风荷载的激励下很容易发生较为强烈的振动。而在输电线的破坏事故中，大多是由输电线振动响应引起的输电线风偏过大和输电塔两端不平衡张力所造成的。

在风荷载作用下，输电线路中悬挂的导线、绝缘子串、跳线串等会发生水平、竖向、纵向的位移，但水平位移相对于其他两项位移更为明显，且对输电塔线体系危害程度更大。由风荷载导致的导线、绝缘子串、跳线串发生水平方向的位移称为风偏。风偏过大会导致输电线金具损坏或者疲劳断股、闪络放电、螺栓松动等事故的发生。其中闪络放电是指当输电线风偏位移过大时，会导致各导线之间距离以及导线与输电塔之间的距离小于安全电气间隙，此时在输电线路中会发生构件表面被烧蚀、电网断电、线路发生跳闸等现象。闪络放电主要有以下三种形式：导线对直线塔杆件放电、导线相互之间放电、导线对周边导电物体放电。其中，导线相互之间放电的情况主要发生在紧凑型线路中，高风速下该线路中的各相导线发生非同期摇摆导致导线间距离小于安全距离，从而引起导线相互之间放电。王黎明等[174]研究了某 500kV 紧凑型输电线路在风荷载作用下的响应，运用数值模拟的方法计算出该输电线路模型在稳态平均风速作用下的风偏结果，研究发现该输电线路的三相导线在稳态风作用下，各导线间的最小相间距离并不完全出现在水平相间的情况，并且对各不同工况下的输电线路相间间隔棒的安装方案提出了可靠的建议。孙保强等[175]在王黎明等研究的基础上开展了更具体的分析研究，通过研究作用于导线上的风速与导线最小相间距离之间的规律从而提出导线在各风速下防止相间放电的具体措施，但以上对于风偏的研究均仅考虑了平稳风的影响。朱宽军等[176]则主要考虑了脉动风速作用输电线的风偏响应，在研究中针对在实际工程中常见的工频及操作过电压两种现象，构建了这两种工况下的阵风风速数学模型，在不同档距条件下计算水平两相导线的最小相间距离，并将该计算结果与平稳风荷载作用下的计算结果进行了对比。

由于相间放电事故在实际工程中发生次数较少，目前大多是将导线对直线塔构件放电作为风偏闪络放电事故的重点研究内容。学者以闪络放电实际事故调查资料和各事故周围收集的风速数据为参考依据，详细讨论了输电线风偏闪络事故发生的原因和背景，并根据研究结果对输电线路防风偏提出了有效的建议[177,178]。目前对悬垂绝缘子的风偏计算采用设计规范中对输电线路上风荷载求解的方法，将悬垂绝缘子视为弦多边形或者刚体直杆的单摆模型[179-181]。在该模型中导线、绝缘子串及输电塔之间的各个连接点均采用自由铰接，作用于导线和绝缘子串的风荷载与自重达到静力平衡时的最大摆角即最大风偏角。这种模型计算简单清晰，多应用于实际的电力设计中，但其计算精度值得讨论，于是国内学者提出了其他计算方法与模型。王声学等[182]对最大风偏角进行了修正，在绝缘子达到静力平衡时考虑其切向速度的影响，并优化了计算方法，利用解析算法简化了最小空气间隙的计算过程；闵绚等[183]针对特高压连续多跨模型，分析了线路的各类布置方式对悬垂绝缘子摆角的影响，对于特高压输电线路中的绝缘子，其长度更长，柔度更大，对该种绝缘子的风偏计算提出了新的模型使计算结果与实际更符合。尽管采用的计算模型有所差异，但是最大风偏角静力分析结果的大小均由绝缘子下端垂直导向方向的风荷载所决定[184]。实际输电线路所穿越的风场的湍流成分显著，特别是在高风速作用下，此时的风偏响应是一个动态过程。而我国现行的输电线路设计规范中并未将脉动风荷载的动力放大效应考虑在风偏的校验中，因此按照目前规范给出的计算方法计算风荷载，从而通过计算模型得到的风偏静力计算结果显示是不安全的[185]。由此，国内学者开始运用谐波叠加法模拟脉动风场，并充分考虑了脉动风对输电线路响应的影响，给出了风荷载调整系数的取值方法[186-189]。但以上求解过程均未考虑输电线在运动过程中气动阻尼的影响。而在 Momomura 等[190]给出的气动阻尼计算公式中，可发现当风速足够大时，在该风速作用下的输电线的气动阻尼将远大于输电线的结构阻尼，此时若不考虑气动阻尼的影响，会使风偏响应计算结果明显偏大。为此，楼文娟等[191,192]在导线时程响应计算中从导线与风速相对运动速度角度来考虑其气动阻尼的影响，并以输电线风偏角时程的频谱作为对比，结果发现输电线中此类大跨柔性结构在气动阻尼效应的影响下，共振响应将明显减小至可忽略，因此其动态响应的主要构成为背景响应。

　　风荷载作用下所产生的输电线纵向方向的不平衡张力是导致倒塔事故的重要原因之一，尤其对于下击暴流风场中的输电线，输电线端部的动张力对输电塔线体系的抗风设计十分重要[162]。在目前的研究中，多采用有限元法来求解下击暴流风场下的输电塔线体系的动力响应[52]。但是，有限元法的计算时间往往较长，主要是考虑了输电线这种柔性结构的几何非线性特征，且下击暴流风场为局地风场，其尺度和位置的变化都将导致作用于输电线上的风荷载发生改变，参数分析过程的工作量巨大。因此，为了简化计算，国内外学者尝试采用解析的方法求解导线的动张力及风偏响应。Max Irvine[193]和 Yu 等[194]提出了一种闭型解法用于获取单跨导线的支座反力，在 Irvine 的研究中输电线上的荷载水平分布形式为三阶多项式，而 Yu 等的研究中结构上作用的是集中荷载。Yasui 等[141]的研究中发现导线的支撑形式会对其在风场中的结构响应造成较大影响。当输电线与耐张塔连接或是以 V 型绝缘子与直线塔连接时，输电线两端被认为是铰接状态，而输电线通过悬垂绝缘子与直线塔连接时，在计算过程中将绝缘子与导线考虑为整体。Peng 等[195]基于导线的悬链线假定，考虑了绝缘子串的作用，缩减了自由度，提出了导线动张力的简化算法。汪大海等[196]在考虑气动阻尼的情况下，将风荷载引起的输电线响应分解为由平均风引起的平均响应与脉动风引起的动态响应，分别给出了耐张塔和直线塔上导线端部纵向动张力及纵向动张力谱的表达式。采用随机振动理论，推导出脉动风作用下导线两端动张力的均方根反应谱表达式，给出了实用设计风荷载的计算公式[197]。从以上的研究中可以看出目前对于导线上作用的荷载均考虑为均匀风荷载，对于下击暴流这一类尺度较小、风速空间分布差异较大的风场并不适用。

相对于常规的大气边界层风场中输电导线的研究，下击暴流作用下输电导线的研究才起步不久，Darwish 等[157]采用考虑大变形和预张力的非线性模型，用于研究不同加载阶段(预张力)的频率和模态。并且从实测数据中提取脉动信号，把脉动信号添加到 CFD 模型得到的平均风场中，进行了不同下击暴流结构下输电塔的动力分析。结果表明，结构响应受背景分量影响较大，由于导线较大的气动阻尼，共振分量的影响是可以忽略的。Lin 等[45]通过几何缩尺比为 1：100 的单跨塔线气弹模型试验，将拉线塔简化成桅杆，研究其在常态风和下击暴流作用下的响应。结果表明在两种风荷载作用下，输电塔的响应大致是准静态的，下击暴流下结构的共振响应相对于边界层风场下的是次要的。Aboshosha 等[163]提出了一种半解析的方法，可以较为准确地计算连续多跨导线在非均匀风场中的动张力响应，但是由于该计算方法中含有大量未知参数，且需要对复杂的非线性方程进行迭代求解，计算过程复杂且计算量较大，在实际工程设计中难以应用。随后，Aboshosha 等[164,165]给出了沿导线方向分布的雷暴冲击风的瞬时风荷载，最终给出下击暴流作用下导线动张力的简化解析算法，但缺少对导线两端高差及风向角的考虑。Elawady 等[166]考虑了绝缘子的柔度以及导线的初张力，对不同下击暴流工况下导线进行了非线性分析，提出一个简单的程序来计算下击暴流作用下输电塔的最大纵向力，并给出了响应参数，便于工程的应用。Darwish 等[168]采用了一种简单的荷载形式来代替通过 CFD 模型得到的复杂风场，采用不同的参数选项来考虑不同下击暴流的设计风速位置及特征，给出了导线响应计算的具体步骤，并且提出了下击暴流作用下拉线塔设计的简化程序。Elawady 等[4]进行了多跨输电塔线气弹试验，测试下击暴流作用下的动力响应，对下击暴流的风场结构进行了分析，并且与以前的数值模拟进行比较，分析了共振响应和背景响应对总响应的影响，结果表明，共振响应的贡献可达峰值响应的 5%～10%，在下击暴流低风速和高风速下，导线的动力响应分别可以达到峰值响应的30%和12%。

综上所述，尽管下击暴流作用下输电塔线结构已经取得了一定的成果，但是这些研究大多采用 CFD 方法或者解析模型方法来得到下击暴流风场，进而分析输电塔线体系的动力响应。对下击暴流作用下输电导线的动张力以及塔线体系的稳定性研究较少，尚不足以为输电线路的设计提供有效的参考。

第 2 章　稳态壁面射流的大气边界层风洞试验

2.1　引　　言

壁面射流的概念最早是由 Glauert[198]提出的，其定义为一种高速射入光滑壁面、周围环境流体特性相同的半无限静止流体中的射流。广义壁面射流是一股射流切向或以一定的角度冲击在被静止流体或运动流体所包围的壁面上[199]。壁面射流通常分为两个区域：壁面到最大速度点之间的区域称为内层，其特性与壁面边界层相似；以外的区域称为外层，其特性与自由剪切流相似。壁面射流在工程中有着广泛的应用，如飞机机翼的分离控制、燃气涡轮机的薄膜冷却等。近年来，壁面射流理论在结构风工程中也得到了应用，例如，Lin 等[43]提出了采用带协同流的壁面射流来研究下击暴流出流区域的流场特征。为了研究高雷诺数壁面射流流场特性，本章基于大气边界层风洞，通过增加壁面射流喷口及风机，从而实现边界层风洞中壁面射流风场的模拟。

2.2　大气边界层风洞中壁面射流风场的模拟实现

对重庆大学直流式教学风洞的改装，使该风洞具备了壁面射流的模拟功能，具体构造如图 2.1 所示。该风洞主要分为动力段、过渡段、扩散段、稳定段、收缩段和试验段，其中试验段尺寸为 2.4m×1.8m×15m(宽×高×长)。壁面射流装置加装在试验段入口位置，通过四个千斤顶与支架连接，实现了壁面射流装置的上升与下降，当需要进行壁面射流试验时，通过千斤顶将装置升高至与试验段底面平齐；试验完成之后，可以降低壁面射流装置，从而保证边界层风洞的正常使用。

壁面射流装置分为动力段、过渡段、稳流段、回转段以及射流喷口，动力段采用三台风机并联安装，回转段采用对数螺旋线设计，尽量减小由于风场转向导致的风速的损耗，壁面射流喷口的高度为 60mm，宽度与边界层风洞基本一致，最大出流风速为45m/s，如图 2.2 所示。

(a) 风洞整体

(b) 壁面射流装置

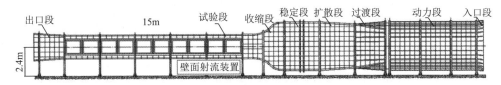

(c) 边界层风洞及壁面射流装置安装位置

图 2.1　边界层风洞改装示意图

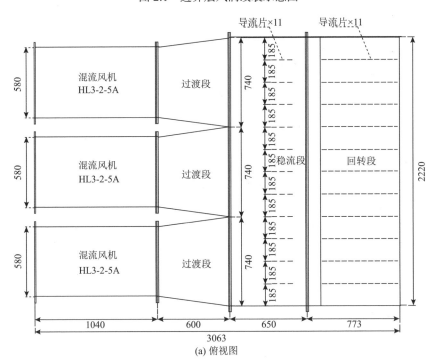

(a) 俯视图

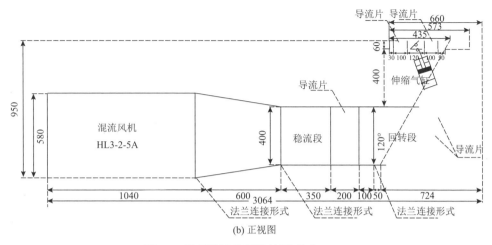

(b) 正视图

图 2.2　壁面射流装置设计图(单位：mm)

三维风速的测量主要采用澳大利亚 TFI (Turbulence Flow Instruments) 公司生产的眼镜蛇三维脉动风速采集系统(Series 100 Cobra Probe)。探头安装及其数据采集装置如图 2.3 所示。该探头是 4 孔压力探头，探头外径为 2.6mm，主体直径为 14mm，总长约为 155mm，能准确测量频率 2kHz 的湍流场，风速测量范围为 2~100m/s，测量精度一般为±0.5m/s。

图 2.3　眼镜蛇三维脉动风速探头及支架

2.3　光滑壁面射流风场特性研究试验

2.3.1　风场试验工况

为了得到较为完整的三维流场的空间分布特性，本节对稳态壁面射流以及非稳态壁面射流流场分别进行测试。稳态风场试验中，分别测量风洞中心面上不同顺流向距离以及不同竖向高度各点的水平风速。由于壁面射流特殊的风剖面形状，即先增大后减小的特征，在风洞上方实际风速较小，根据风速时程数据的好样本比例(rate of good sample，RGS)来选择最大竖向高度。同时，最大顺流向距离需要保证壁面射流的发展不会受到边界层上壁面的限制。基于以上原则，顺流向的测量位置分别为 $20b$、$40b$、$60b$、$80b$、$100b$、$120b$ 以及 $140b$，b 为射流喷口高度，而竖向测量高度分别为 5mm、10mm、15mm、25mm、35mm、45mm、55mm、65mm、80mm、100mm、150mm、250mm、350mm、500mm 以及 700mm，其余试验参数设置如表 2.1 所示。

表 2.1　稳态风场测量工况表

射流形式	参数	出流速度 U_j/(m/s)	协同流壁面射流风速比 β_p
平面壁面射流	射流风速	10、15、20、25、30、35	0
	β_p 的影响	20	0.1、0.15、0.2、0.25、0.3

为了在试验中考虑壁面粗糙度的影响，本试验采用砂纸来模拟壁面粗糙度。砂纸规格采用 40 目，其粗糙砂砾高度为 0.43mm，经计算该砂纸规格下模拟的粗糙壁面属于过渡粗糙类型。为了保证风场中壁面条件一致，将砂纸满铺于光滑壁面上，如图 2.4 所示。

图 2.4　采用砂纸打磨的粗糙壁面

2.3.2　壁面射流风场试验结果分析

1. 入流条件

为了验证本平面壁面射流装置产生流场的二维性，对射流喷口位置($x = 0$m)的风速进行测量。测量了射流出口处三个横风向位置：$z = 0$m、$z = 1$m 以及 $z = -1$m。不同风机控制出流速度时，射流喷口出流条件如图 2.5～图 2.7 所示。可以看出，由于壁面射流装置采用回转段，出流速度有所损耗，并且速度越大，损耗速度越多。不同横风向在靠近壁面位置出流速度非常一致，在喷口中上部有一定的差异，但是差异不大，最大误差约为 5%。三个横风向位置湍流度在喷口上壁面与下壁面非常一致，仅仅在喷口中部有一定的误差。总体而言，本壁面射流装置具有较好的二维性，能够形成较为均匀的平面壁面射流。

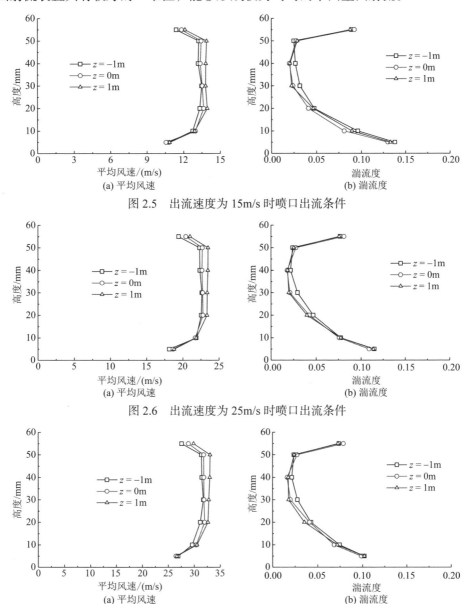

图 2.5　出流速度为 15m/s 时喷口出流条件

图 2.6　出流速度为 25m/s 时喷口出流条件

图 2.7　出流速度为 35m/s 时喷口出流条件

2. 平均风速和湍流度

出流速度 U_j 分别为 18.7m/s 和 28.3m/s 时，壁面射流各径向速度的平均风速竖向剖面如图 2.8 所示，湍流度竖向剖面如图 2.9 所示。可以看出，在测量高度范围内，基本没有回流的出现，随着顺流向距离的增大，风剖面下部速度逐渐减小，而上部速度逐渐增大，转折区域在 200～300mm 范围内。而壁面射流湍流度竖向剖面呈现出明显的双峰特征，即内层近壁面峰值与外层峰值，并且随着顺流向距离的增大，外层峰值出现的竖向位置不断上移；而随着射流出流速度的增大，湍流度呈现增大的趋势，外峰值出现的竖向位置也变大。

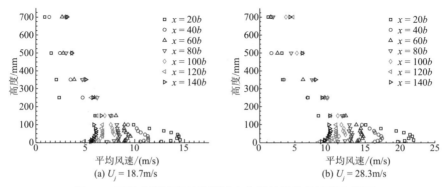

图 2.8　两种出流速度时各顺流向位置处平均风速竖向剖面

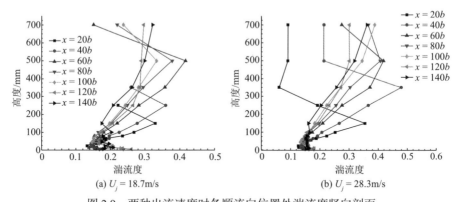

图 2.9　两种出流速度时各顺流向位置处湍流度竖向剖面

Oseguera 等[18]、Vicroy[19] 及 Wood 等[20]分别提出了三种下击暴流的水平风速竖向风剖面的经验模型。其中，Oseguera 模型表达式如下：

$$U(y) = \left(\frac{\lambda R^2}{2r}\right)\left(1 - e^{-(r/R)^2}\right)\left(e^{-y/y^*} - e^{-y/\varepsilon}\right) \tag{2.1}$$

式中，$U(y)$为任意高度 y 处的最大平均风速；r 为到风暴中心的径向距离；λ 为一比例因子；y^*为壁面边界层外的一个特征高度；ε 为壁面边界层内部的一个特征高度；R 为下击暴流的特征半径。

Vicroy 模型表达式如下：

$$U(y) = 1.22\left(e^{-0.15y/y_{\max}} - e^{-3.2175y/y_{\max}}\right) \times U_{\max} \tag{2.2}$$

式中，$U_{\max}$ 为竖向风剖面的最大风速；$y_{\max}$ 为最大风速所在的高度。

Wood 模型表达式如下：

$$U(y) = A\left(\frac{y}{y_{1/2}}\right)^B \left(1 - \mathrm{erf}\left(C\frac{y}{y_{1/2}}\right)\right)U_{\max} \tag{2.3}$$

式中，$U_{\max}$ 为最大水平平均风速；$y_{1/2}$ 为最大风速一半所在的竖向位置；$\mathrm{erf}(\cdot)$ 为误差函数。

Wood 等[20]给出 $A=1.55$、$B=1/6$、$C=0.7$，而 Sengupta 等[40]提出 3 个参数的值分别为 $A=1.52$、$B=1/6.5$、$C=0.68$。三种经验模型采用的经验参数如表 2.2 所示。图 2.10 为三种经验剖面与指数律风剖面的对比，其中，大气边界层的地面粗糙度指数取 0.16，梯度风高度为 300m，参考高度 10m 处的平均风速为 30m/s。

表 2.2　竖向风剖面的经验参数

参数	Oseguera 模型	Vicroy 模型	Wood 模型
r/m	1121	—	—
R/m	1000	—	—
y^*/m	200	—	—
ε	30	—	—
λ	0.414	—	—
$U_{\max}$/(m/s)	80	80	80
$y_{\max}$/m	65	67	73
$y_{1/2}$/m	—	—	400

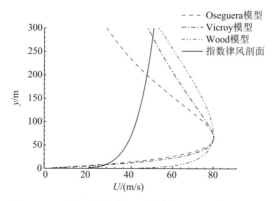

图 2.10　大气边界层与下击暴流竖向风剖面对比

为了得到壁面射流的自相似剖面，通常采用特征长度与特征速度对其进行无量纲处理，特征长度为典型的壁面射流，由壁面边界层的内层和剪切流外层组成，并且在合适的长度尺度和速度尺度下，内、外层的速度剖面具有自相似性，George 等[200]认为在有限雷诺数下，不存在通用的尺度，而内层合适的长度尺度和速度尺度分别是 u_τ 和 u / u_τ，对外层则分别是最大速度 U_m 以及半高 $y_{1/2}$，并且通过相关试验进行了验证。

两种出流速度时壁面射流的无量纲速度剖面如图 2.11 所示，可以看出，壁面射流风洞试验结果表现出了较好的自相似性，只在 $x = 20b$ 处有一定的偏差，这是由于此位置壁面射流转捩没有完成，并未进入完全发展阶段。风洞试验与Eriksson 等[67]试验结果、Wood 模型非常吻合。

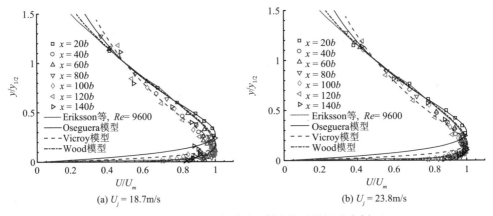

图 2.11　两种出流速度时壁面射流的无量纲速度剖面

3. 雷诺应力

U_j=28.3m/s 时不同顺流向位置处雷诺应力如图 2.12 所示，顺流向雷诺正应力 $\overline{u'u'}$ 在 $40b \sim 140b$ 范围内表现出了较好的自相似特性，出现了明显的两峰值特征，但是较 Eriksson 等[67]和 Wygnanski 等[65]试验结果相比偏小，与Abrahamsson 等[201]试验结果拟合曲线较为一致。在完全发展阶段，竖向雷诺正应力 $\overline{v'v'}$ 在近壁面的自相似性较好，而在竖向位置 $y/y_{1/2}> 0.5$ 之后，自相似性逐渐减弱，与三个典型试验相比，本节试验结果与 Eriksson 等的结果较为一致。当 $x = 20b$ 时，雷诺切应力 $\overline{u'v'}$ 基本为零，而当壁面射流进入完全发展阶段之后，$\overline{u'v'}$ 表现出了良好的自相似特性，并且与 Abrahamsson 等的试验结果较为一致。

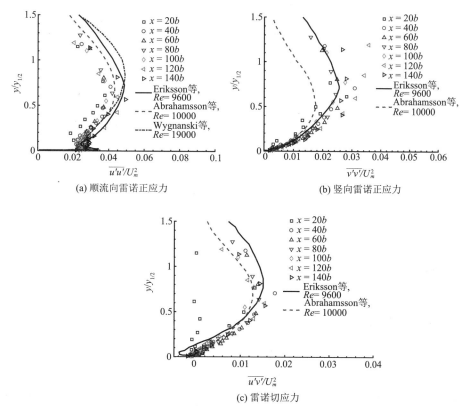

(a) 顺流向雷诺正应力　　　　　　(b) 竖向雷诺正应力

(c) 雷诺切应力

图 2.12　$U_j = 28.3$m/s 时不同顺流向位置处的雷诺应力

4. 雷诺数影响分析

不同出流速度时 $x = 60b$ 处的平均风速剖面及其无量纲风速剖面如图 2.13 所示。可以看出，该顺流向位置处平均风速随着出流速度的增大而增大，但是最大风速出现的高度基本一致，说明雷诺数对最大风速高度的影响不大，不同出流速度的无量纲剖面基本能重叠为一条曲线，除了出流速度为 10m/s 的情况，这可能是风速较小，而 Cobra 风速仪测量精度不够导致的。

平面壁面射流半高 $y_{1/2}$ 随着顺流向距离的增加近似呈线性增大，其外层的扩展率可以用 $\mathrm{d}y_{1/2}/\mathrm{d}x$ 来表示。不同出流速度时各顺流向位置处的长度尺度和速度尺度如图 2.14 所示。当射流出流速度大于 15m/s 时，壁面射流扩展率 $A_1 = \mathrm{d}y_{1/2}/\mathrm{d}x$ 基本没有变化，说明雷诺数对半高的影响不大，而最大风速的衰减随着雷诺数的增大而减小，而 McIntyre 指出最大风速的衰减系数与雷诺数呈指数关系[74]，随着雷诺数的增大，对最大风速衰减的影响逐渐减小。

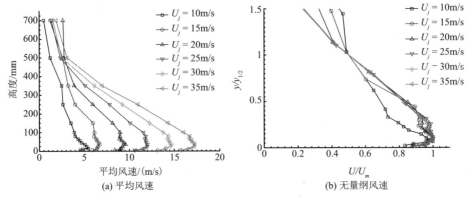

图 2.13　$x = 60b$ 处不同出流速度时平均风速剖面及其无量纲风速剖面

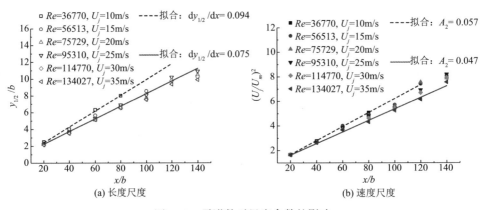

图 2.14　雷诺数对尺度参数的影响

5. 协同流影响分析

控制出流速度为 20m/s，$x=60b$ 处不同协同流速度时平均风速剖面及其无量纲风速剖面如图 2.15 所示。$x=60b$ 处平均风速随着协同流速度 U_E 的增大而增大，但是最大风速出现的高度基本不变。而不同协同流速度时的无量纲风速剖面在壁面射流内层基本一致，当 $y>y_m$ 时，外层无量纲风速随着协同流速度的增大而增大，说明协同流对壁面射流的影响区域主要集中在外层。

不同协同流速度时各顺流向位置处的长度尺度和速度尺度如图 2.16 所示，无协同流时，长度尺度随着顺流向呈线性增长，扩展率 $dy_{1/2}/dx$ 为 0.074，这与 Launder 等[202]得到的结果非常一致。而有协同流时，扩展率在 $x/b>80$ 后出现折点，在 $80<x/b<140$ 区域仍然表现出线性增长关系，不过扩展率变小，并且扩展率随着协同流速度的增大而减小，协同流最大风速的衰减影响与扩展率类似。

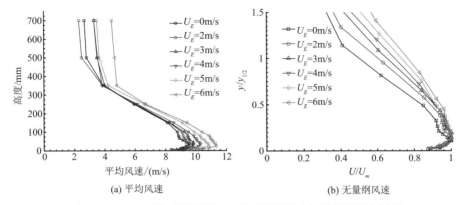

(a) 平均风速　　　　　　　(b) 无量纲风速

图 2.15　$x = 60b$ 处不同协同流速度时平均风速与无量纲风速剖面

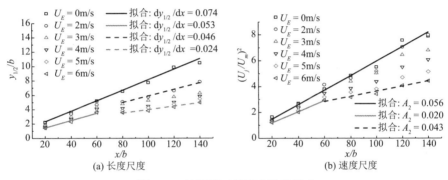

(a) 长度尺度　　　　　　　(b) 速度尺度

图 2.16　协同流对尺度参数的影响

6. 壁面条件的影响

考虑粗糙壁面时，风洞底面铺满砂纸，采用外部尺度进行无量纲处理后得到如图 2.17 所示的粗糙壁面下出流速度为 26.14m/s 时的无量纲风速剖面。可以看出，经无量纲处理后，各风剖面显示出较为明显的自相似性，特别是在顺流向距离达到 $40b$ 以后，壁面射流达到完全发展阶段，各顺流向位置处的无量纲化曲线更加贴合，自相似程度更高。

对比粗糙壁面与光滑壁面在顺流向 $x = 120b$ 处，三种出流速度下的无量纲风速剖面如图 2.18 所示。可以看出同种壁面粗糙条件下的无量纲风速剖面曲线具有良好的自相似性，在近壁面处，粗糙度对无量纲风速剖面有着较为明显的影响，而随着竖向高度的增加，粗糙度对无量纲风速剖面的影响逐渐降低，粗糙壁面与光滑壁面无量纲风速剖面曲线重合度逐渐升高。在 Tachie 等[69]的报告中，粗糙壁面射流中 $y_m/y_{1/2}$ 的值在 0.2 左右变化，而在 Smith[70]的试验结果中显示 $y_m/y_{1/2}$ 的值在 0.12 左右。对 $x = 120b$ 处粗糙壁面三种出流速度下的 $y_m/y_{1/2}$ 进行计算，发现其值分别为 0.104、0.162、0.135，与 Tachie 等、Smith 试验结果较为接近。而光滑壁面条件下的 $y_m/y_{1/2}$ 分别为 0.056、0.089、0.105，均小于粗糙壁面下的值。

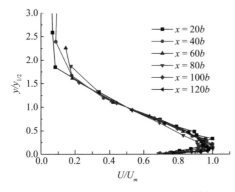

图 2.17　粗糙壁面下的无量纲风速剖面

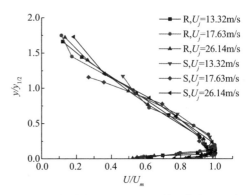

图 2.18　粗糙度对无量纲风速剖面曲线的影响
(R 指粗糙壁面，S 指光滑壁面，下同)

粗糙壁面条件下，三种出流速度对各顺流向位置处长度尺度的影响如图 2.19 所示。图中壁面射流扩展率 $A_1 = \mathrm{d}y_{1/2}/\mathrm{d}x$ 基本保持不变，拟合后得到扩展率为 0.082，说明雷诺数对 $y_{1/2}$ 即最大速度一半所对应的竖向位置影响较小。将粗糙壁面与光滑壁面的长度尺度进行对比，结果如图 2.20 所示。粗糙壁面的壁面射流扩展率高于光滑壁面，壁面粗糙的存在使得同种条件下 $y_{1/2}$ 值明显增大。

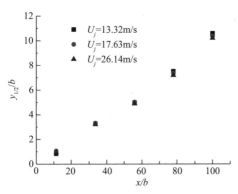

图 2.19　出流速度对长度尺度的影响

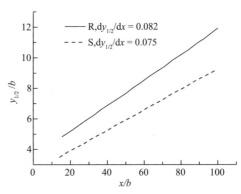

图 2.20　壁面情况对长度尺度的影响

光滑壁面条件下，试验结果显示如图 2.21 所示。可以看出，随着出流速度的增大，出流速度与最大速度的比值减小，意味着随着出流速度的增大，最大速度的衰减减小。试验结果与 McIntyre 提出的结论一致，即最大风速衰减参数与出流速度呈指数相关，并且随着出流速度的增大，最大风速衰减参数将逐渐减小。将三种出流速度时粗糙壁面下最大速度衰减进行拟合并与光滑壁面进行对比,如图 2.22 所示。从图中可以看出,由于粗糙度的存在,$(U_j/U_m)^2$ 的斜率减小,说明粗糙度加快了最大速度的衰减。

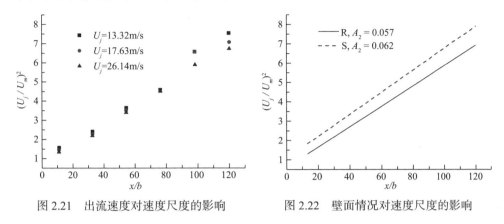

图 2.21　出流速度对速度尺度的影响　　　　　图 2.22　壁面情况对速度尺度的影响

2.4　本　章　小　结

本章通过在大气边界层风洞中增加壁面射流装置,对稳态壁面射流风场进行了模拟,考虑了雷诺数、协同流以及壁面粗糙条件的影响,得到以下结论:

(1) 设计的基于壁面射流的下击暴流模拟装置能够有效地模拟下击暴流出流段稳态风场。稳态条件下,试验装置能够形成较为均匀的二维平面壁面射流流场,在完全发展阶段,能够得到与典型下击暴流竖向平均风速剖面较为吻合的结果。

(2) 稳态平面壁面射流湍流度竖向剖面与规范规定的大气边界层湍流度竖向剖面有较大的区别,呈现出明显的双峰特征,而非稳态壁面射流的湍流度竖向剖面在最大风速处高度以上时较规范规定大气边界层湍流度值大,在内层区域则较为接近。

(3) 在本试验装置条件下,雷诺数对半高的影响不大,而最大风速的衰减随着雷诺数的增大而减小。在有协同流壁面射流中,半高与最大速度的衰减以无协同流壁面射流的回流点为拐点,表现出了分段线性关系。

(4) 在同一顺流向位置处,壁面粗糙度的存在会减小最大风速并且增大最大风速所处高度;粗糙度的存在会改变无量纲风速剖面的形状;光滑壁面相对于粗糙壁面,雷诺应力无量纲风速曲线在外层区域更加饱满。粗糙壁面下的扩展率明显高于光滑壁面;粗糙度的存在会加快最大风速的衰减。

第3章　稳态下击暴流数值模拟方法性能研究

3.1　引　　言

湍流是最复杂的流体运动之一，尽管其控制方程已经非常清楚，它们的复杂性使得在当前计算资源的实际限制内无法获得精确的解答，在多数工程问题中流体的流动往往处于湍流状态。近年来，计算流体动力学(CFD)在风工程中得到了广泛的应用，CFD 的核心问题同样是湍流的模拟。可以说，采用湍流模型进行湍流的模拟是一种数学艺术，好的湍流模型不仅要求计算量小(经济性)，还要适用范围尽可能广(普遍性)，精度良好(可信性)，然而，这些要求多数是矛盾的，重要的是要明确计算对象。

本章首先介绍 CFD 的控制方程以及常见的几种湍流模型。然后通过商业CFD 软件 Fluent，采用七种不同的 RANS 湍流模型对平面壁面射流进行二维稳态数值模拟，初步评价各湍流模型对壁面射流的模拟性能。然后，采用 SWRSM (RSM with stress-omega model)以及大涡模拟(LES)对三维瞬态平面壁面射流进行数值模拟，通过与文献中存在的试验数据以及理论模型的平均风速及雷诺应力进行对比。最后找出对平面壁面射流模拟最合理的模拟方法。

3.2　控制方程与湍流模型

通常，大气边界层中的气流可以看成不可压缩的牛顿流体，不可压缩牛顿流体质量守恒方程以及动量守恒方程分别为

$$\frac{\partial \rho}{\partial t} + \mathrm{div}(u\boldsymbol{u}) = 0 \tag{3.1}$$

$$\frac{\partial}{\partial t}(\rho u) + \mathrm{div}(\rho u\boldsymbol{u}) = -\frac{\partial p}{\partial x} + \mathrm{div}(\mu\,\mathrm{grad}\,u) + S_{Mx} \tag{3.2}$$

$$\frac{\partial}{\partial t}(\rho v) + \mathrm{div}(\rho v\boldsymbol{u}) = -\frac{\partial p}{\partial y} + \mathrm{div}(\mu\,\mathrm{grad}\,v) + S_{My} \tag{3.3}$$

$$\frac{\partial}{\partial t}(\rho w) + \mathrm{div}(\rho w\boldsymbol{u}) = -\frac{\partial p}{\partial z} + \mathrm{div}(\mu\,\mathrm{grad}\,w) + S_{Mz} \tag{3.4}$$

式中，ρ 为流体密度；$\boldsymbol{u}$ 为速度矢量，其在 x、y、z 方向的分量分别为 u、v、

w；p 为压力；μ 为流体动力黏度；t 为时间。

对于稳态流场，其流动状态不随时间变化，式(3.1)～式(3.4)中与时间有关的项为零。其中，动量守恒方程(3.2)～(3.4)又称 Navier-Stokes 方程。

目前，CFD 中对湍流的模拟方法可以分为直接数值模拟(DNS)方法和非直接数值模拟方法。其中，DNS 方法不采用任何假设，对控制方程进行直接数值求解，理论上可以得到较为准确的结果。然而，采用 DNS 方法时，网格必须足够小才能对最小的湍流涡进行求解，这些涡的量级为 Kolmogorov 长度尺度[88]。因此，用 DNS 方法模拟湍流时，需要的网格数量与 $Re^{9/4}$ 成正比，需要的时间步长与 $Re^{-3/4}$ 成正比，同时，要想获得有用的计算统计数据，总的计算量与 Re^3 成正比[203]。其中，雷诺数的定义为 $Re=UD/\nu$，U 为流体流速，D 为流动特征长度，ν 为运动黏度。就目前的计算资源而言，DNS 方法仅能对雷诺数非常小的湍流进行模拟，对工程的应用价值不大。

对大多数工程应用而言，求解详细的湍流脉动细节是没有必要的，通常流体的一些平均量就能满足需求。通过将控制方程中的各变量分解为平均值和脉动值进行计算，将瞬态的脉动量通过某种模型在平均化的方程中表现出来，从而产生了雷诺平均法。常规的平均分为时间平均以及空间平均。

3.2.1　雷诺平均方程

通过对瞬时控制方程进行时间平均，得到不可压缩流体的时间平均控制方程张量形式如下：

$$\frac{\partial u_i}{\partial x_i} = 0 \tag{3.5}$$

$$\frac{\partial}{\partial t}(\rho u_i) + \frac{\partial}{\partial x_j}(\rho u_i u_j) = -\frac{\partial p}{\partial x_i} + \frac{\partial \tau_{ij}}{\partial x_j} + \frac{\partial}{\partial x_j}\left(\mu \frac{\partial u_i}{\partial x_j}\right) \tag{3.6}$$

式中，u_i、u_j 分别为 i、j 方向对应的速度分量，i 和 j 的取值为 1、2、3；$\tau_{ij} = -\rho \overline{u_i u_j}$，为雷诺应力。

式(3.6)也称为雷诺平均 Navier-Stokes 方程，简称 RANS 方程。由于雷诺应力的产生，式(3.5)和式(3.6)构成的方程组不封闭，必须使用湍流模型对方程组进行封闭。常见的 RANS 湍流模型分为雷诺应力模型及涡黏模型。雷诺应力模型通过构建雷诺应力方程对控制方程进行封闭，而涡黏模型则基于 Boussinesq 提出的涡黏假设：

$$\tau_{ij} = \mu_t \left(\frac{\partial u_i}{\partial x_j} + \frac{\partial u_j}{\partial x_i}\right) - \frac{2}{3}\left(\rho k + \mu_t \frac{\partial u_i}{\partial x_i}\right)\delta_{ij} \tag{3.7}$$

式中，$\mu_t = \rho C_\mu \dfrac{k^2}{\varepsilon}$，为湍动黏度，$k$ 为湍动能；δ_{ij} 为狄拉克函数。

本节采用七种 RANS 湍流模型对壁面射流进行数值模拟，包括两种雷诺应力模型，即 LRSM (RSM with linear pressure-strain model)和 SWRSM，五种涡黏模型，即 standard k-ε (SKE)、realizable k-ε (RKE)、renormalization group (RNG) k-ε、standard k-ω (SKW)和 shear-stress transport (SST) k-ω。

3.2.2　RANS 湍流模型参数

本节采用的几种不同湍流模型输运方程以及相关参数简单介绍如下。

1. standard k-ε 湍流模型

standard k-ε 湍流模型由 Launder 等[204]提出，是应用最为广泛的湍流模型，简称 SKE 模型。其核心是求解湍动能 k 及其耗散率 ε 的方程。湍动能方程可通过精确的方程推导得到，但耗散率方程是通过物理推理，数学上模拟相似原形方程得到的。该模型假设流动为完全湍流，分子黏性的影响可以忽略。因此，standard k-ε 湍流模型只适合完全湍流的流动过程模拟。

standard k-ε 湍流模型的湍动能 k 和耗散率 ε 方程为如下形式：

$$\frac{\partial}{\partial t}(\rho k) + \frac{\partial}{\partial x_i}(\rho k u_i) = \frac{\partial}{\partial x_j}\left[\left(\mu + \frac{\mu_t}{\sigma_k}\right)\frac{\partial k}{\partial x_j}\right] + G_k + G_b - \rho\varepsilon - Y_M + S_k \tag{3.8}$$

$$\frac{\partial}{\partial t}(\rho\varepsilon) + \frac{\partial}{\partial x_i}(\rho\varepsilon u_i) = \frac{\partial}{\partial x_j}\left[\left(\mu + \frac{\mu_t}{\sigma_\varepsilon}\right)\frac{\partial\varepsilon}{\partial x_j}\right] + C_{1\varepsilon}\frac{\varepsilon}{k}(G_k + C_{3\varepsilon}G_b) - C_{2\varepsilon}\rho\frac{\varepsilon^2}{k} + S_\varepsilon \tag{3.9}$$

式中，G_k 为由平均速度梯度引起的湍动能；G_b 为由浮力影响引起的湍动能；Y_M 为可压缩湍流脉动膨胀对总的耗散率的影响程度；σ_ε 和 σ_k 分别为耗散率 ε 与湍动能 k 的湍流普朗特数；S_k 和 S_ε 为自定义源项；μ_t 为湍流黏性系数。standard k-ε 湍流模型中包含五个参数，其默认取值为

$$C_{1\varepsilon} = 1.44, \quad C_{2\varepsilon} = 1.92, \quad \sigma_\varepsilon = 1.0, \quad \sigma_k = 1.3$$

另外，C_μ 为一个常数系数，取值为 0.09。

2. realizable k-ε 湍流模型

realizable k-ε 湍流模型简称 RKE 模型，由 Shih 等[205]提出，与 standard k-ε 湍流模型相比，主要有两点不同：首先，realizable k-ε 湍流模型中包含了一个湍动黏度的可替代式；其次，ε 方程是从涡量扰动量均方根的输运方程推导出来的。模型适合的流动类型比较广泛，包括有旋均匀剪切流、自由流(射流和混合层)、腔道流动和边界层流动。realizable k-ε 湍流模型对以上流动过程的模拟结

果都比 standard k-ε 湍流模型好，特别是在 standard k-ε 模型对圆口射流和平板射流模拟中，能给出较好的射流扩张角。realizable k-ε 湍流模型的输运方程如下：

$$\frac{\partial}{\partial t}(\rho k)+\frac{\partial}{\partial x_i}(\rho k u_i)=\frac{\partial}{\partial x_j}\left[\left(\mu+\frac{\mu_t}{\sigma_k}\right)\frac{\partial k}{\partial x_j}\right]+G_k+G_b-\rho\varepsilon-Y_M+S_k \quad (3.10)$$

$$\frac{\partial}{\partial t}(\rho\varepsilon)+\frac{\partial}{\partial x_j}(\rho\varepsilon u_j)=\frac{\partial}{\partial x_j}\left[\left(\mu+\frac{\mu_t}{\sigma_\varepsilon}\right)\frac{\partial\varepsilon}{\partial x_j}\right]+\rho C_1 S_\varepsilon-\rho C_2\frac{\varepsilon^2}{k+\sqrt{\nu\varepsilon}}$$
$$+C_{1\varepsilon}\frac{\varepsilon}{k}C_{3\varepsilon}G_b+S_\varepsilon \quad (3.11)$$

式中，$C_1=\max\left[0.43,\dfrac{\eta}{\eta+5}\right]$，$\eta=S\dfrac{k}{\varepsilon}$。realizable k-ε 湍流模型中，默认湍流参数为

$$C_{1\varepsilon}=1.44,\quad C_2=1.68,\quad \sigma_\varepsilon=1.0,\quad \sigma_k=1.2$$

3. renormalization group k-ε 湍流模型

renormalization group k-ε 湍流模型简称 RNGKE 模型，是基于重正化群方法，对 standard k-ε 湍流模型进行了一定的扩展，其最主要的区别就是在 ε 输运方程的右侧增加了一个 R_ε 项，该增长项依赖于应变率，如式(3.12)所示：

$$R_\varepsilon=\frac{C_\mu\eta^3\left(1-\eta/\eta_0\right)}{1+\beta\eta^3}\frac{\varepsilon^2}{k} \quad (3.12)$$

式中，$\eta=Sk/\varepsilon$；$\eta_0=4.38$；$\beta=0.012$。

renormalization group k-ε 湍流模型的参数为

$$C_{1\varepsilon}=1.42,\quad C_{2\varepsilon}=1.68,\quad C_\mu=0.09,\quad \sigma_\varepsilon=1.0,\quad \sigma_k=1.3$$

4. standard k-ω 湍流模型

standard k-ω 湍流模型简称 SKW 模型，在 Fluent 中采用的标准 k-ω 模型是基于 Wilcox[206] 提出的 k-ω 模型，该模型中包含了对低雷诺数效应、压缩性和剪切流扩散的修正，但是该模型最大的缺点在于剪切流对外部区域 k 和 ω 求解的敏感性。而 Fluent 中对这一缺陷进行了一定的改进，但是仍然有一定的影响。standard k-ω 湍流模型基于湍动能输运方程以及比耗散率 ω 的经验输运方程，其表达式如下：

$$\frac{\partial}{\partial t}(\rho k)+\frac{\partial}{\partial x_i}(\rho k u_i)=\frac{\partial}{\partial x_j}\left[\left(\mu+\frac{\mu_t}{\sigma_k}\right)\frac{\partial k}{\partial x_j}\right]+G_k-Y_k+S_k \quad (3.13)$$

$$\frac{\partial}{\partial t}(\rho\omega) + \frac{\partial}{\partial x_i}(\rho\omega u_i) = \frac{\partial}{\partial x_j}\left[\left(\mu + \frac{\mu_t}{\sigma_\omega}\right)\frac{\partial\omega}{\partial x_j}\right] + G_\omega - Y_\omega + S_\omega \quad (3.14)$$

式中，G_k 为由平均速度梯度产生的湍动能；G_ω 为比耗散率的发生量(或产生量)；Y_k 和 Y_ω 分别为 k 耗散量和 ω 耗散量。

5. shear-stress transport k-ω 湍流模型

shear-stress transport k-ω 湍流模型简称 SSTKW 模型，是由 Menter[207]在 Wilcox k-ω 模型的基础上发展起来的，即将 Wilcox k-ω 模型在近壁区域的鲁棒性和准确性以及 standard k-ε 湍流模型在自由流体远场的独立性结合起来，ω 为湍动能比耗散率。因此，shear-stress transport k-ω 湍流模型与 standard k-ε 湍流模型相似，其输运方程为

$$\frac{\partial}{\partial t}(\rho\omega) + \frac{\partial}{\partial x_j}(\rho\omega u_j) = \frac{\partial}{\partial x_j}\left[\left(\mu + \frac{\mu_t}{\sigma_\omega}\right)\frac{\partial\omega}{\partial x_j}\right] + G_\omega - Y_\omega + D_\omega + S_\omega \quad (3.15)$$

$$\frac{\partial}{\partial t}(\rho k) + \frac{\partial}{\partial x_i}(\rho k u_i) = \frac{\partial}{\partial x_j}\left[\left(\mu + \frac{\mu_t}{\sigma_k}\right)\frac{\partial k}{\partial x_j}\right] + G_k - Y_k + S_k \quad (3.16)$$

6. 雷诺应力模型

雷诺应力模型(RSM)通过直接对雷诺应力建立微分方程进行求解，例如，雷诺应力 $\rho\overline{u_i'u_j'}$ 的输运方程为

$$\begin{aligned}
\frac{\partial}{\partial t}\left(\rho\overline{u_i'u_j'}\right) + \frac{\partial}{\partial x_k}\left(\rho u_k\overline{u_i'u_j'}\right) &= -\frac{\partial}{\partial x_k}\left[\rho u_k\overline{u_i'u_j'u_k'} + \overline{p'\left(\delta_{kj}u_i' + \delta_{ik}u_j'\right)}\right] \\
&+ \frac{\partial}{\partial x_k}\left[\mu\frac{\partial}{\partial x_k}\left(\overline{u_i'u_j'}\right)\right] - \rho\left(\overline{u_i'u_k'}\frac{\partial u_j}{\partial x_k} + \overline{u_j'u_k'}\frac{\partial u_i}{\partial x_k}\right) \\
&- \rho\beta\left(g_i\overline{u_j'\theta} + g_j\overline{u_i'\theta}\right) + \overline{p\left(\frac{\partial u_i'}{\partial x_j} + \frac{\partial u_j'}{\partial x_i}\right)} \\
&- 2\mu\overline{\frac{\partial u_i'}{\partial x_k}\frac{\partial u_j'}{\partial x_k}} - 2\rho\Omega_k\left(\overline{u_j'u_m'}\varepsilon_{ikm} + \overline{u_i'u_m'}\varepsilon_{jkm}\right) + S
\end{aligned} \quad (3.17)$$

式中，各项的定义可以参考文献[208]。雷诺应力模型进一步可以分为 LRSM 和 SWRSM。

Fluent 中 SWRSM 默认采用的湍流参数如表 3.1 所示。

表 3.1　Fluent 默认的 SWRSM 湍流参数

C_1	C_2	Alpha*_inf	Alpha_inf	Beta_i	Beta*_inf	zeta*	Mt0	TKE Prandtl number	SDR Prandtl number
1.8	0.52	1	0.52	0.072	0.09	0.5	0.25	2	2

3.2.3　大涡模拟

LES 利用空间平均来对 Navier-Stokes 方程进行处理，将不同尺度的涡分别进行处理，对大尺度的涡直接求解，小尺度的涡通过建立数学模型求解。通过空间过滤，去掉比过滤宽度或者给定物理宽度小的涡，从而得到大涡的控制方程。

过滤变量的定义为

$$\overline{\phi}(x) = \int_D \phi(x')G(x,x')\mathrm{d}x' \tag{3.18}$$

式中，D 为流体区域；$G(\cdot,\cdot)$ 为决定涡大小的过滤函数。

对不可压缩流体的 Navier-Stokes 方程进行过滤后，可以得到 LES 控制方程：

$$\frac{\partial \overline{u}_i}{\partial x_i} = 0 \tag{3.19}$$

$$\frac{\partial}{\partial t}(\rho \overline{u}_i) + \frac{\partial}{\partial x_j}(\rho \overline{u}_i \overline{u}_j) = -\frac{\partial \overline{p}}{\partial x_i} - \frac{\partial \tau_{ij}}{\partial x_j} + \frac{\partial}{\partial x_j}\left(\mu \frac{\partial \overline{u}_i}{\partial x_j}\right) \tag{3.20}$$

式中，$\tau_{ij} = \rho \overline{u_i u_j} - \rho \overline{u}_i \cdot \overline{u}_j$，为亚格子应力(subgrid stress, SGS)，通过 SGS 模型进行模拟。

上述方程与雷诺平均方程相似，只不过 LES 中的变量是过滤过的量，而非时间平均量，并且湍流应力也不同。

最基本的 SGS 模型最早由 Smagorinsky[209]提出，该模型是一种涡黏模型，随后 Lilly[210]对其进行了改进。Smagorinsky 模型的 SGS 表示为

$$\tau_{ij} - \frac{1}{3}\tau_{kk}\delta_{ij} = -2\mu_t \overline{S}_{ij} \tag{3.21}$$

$$\overline{S}_{ij} = \frac{1}{2}\left(\frac{\partial \overline{u}_i}{\partial x_j} + \frac{\partial \overline{u}_j}{\partial x_i}\right) \tag{3.22}$$

$$\mu_t = (C_s \Delta)^2 \sqrt{2\overline{S}_{ij}\overline{S}_{ij}} \tag{3.23}$$

$$\Delta = \left(\Delta_x \Delta_y \Delta_z \right)^{1/3} \tag{3.24}$$

式中，μ_t 为亚格子尺度的湍动黏度；$\bar{S}_{ij}$ 为应变速度张量；C_s 为 Smagorinsky 常数；Δ 为 LES 设定的过滤宽度；Δ_i 为沿 i 轴(i 取 x、y、z)方向的网格尺度。

3.3　壁面射流的二维稳态模拟

3.3.1　模型参数

采用二维模型计算典型无协同流稳态壁面射流，计算域示意图如图 3.1 所示。射流出流喷口高度 b 为 12.7mm，计算域总高度 h 为 21.125b。通常，平面壁面射流的研究区域大约在顺流向距离射流出口 200b 范围内[202]，因此本研究计算域的总长度为 $x = 260b$ (3302mm)。射流喷口的边界条件为均匀入流的速度入口，湍流度为 4.5%；计算域左侧与底部边界(实线表示)为无滑移壁面(no-slip wall)，而计算域右侧以及上部边界(虚线表示)为压力出口(pressure-outlet)。

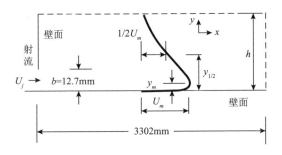

图 3.1　平面壁面射流二维计算域示意图

图 3.2 为计算网格示意图，所有网格采用结构化网格，射流入口附近网格和近壁面网格加密，保证第一层网格节点与壁面的无量纲距离 $y^+<1$，其中 $y^+ = yU_r/\nu$，y 为首层网格节点与壁面的垂直距离，U_r 为壁面摩擦速度，$U_r = \sqrt{\tau_w/\rho}$，τ_w 为壁面切应力，ρ 为空气密度，ν 为运动黏度。采用近壁面模拟方法为增强壁面处理(enhanced wall treatment)，该方法把增强壁面函数与两层边界模型结合起来，对复杂的近壁面流动比较适合。对于基于 ε 方程的模型，增强壁面处理是可选的壁面处理函数之一，但是对于基于 ω 方程的模型，增强壁面处理是默认的选择。如果近壁面网格足够精细，能够满足黏性子层的求解，那么增强壁面处理将与传统的两层边界模型相同。

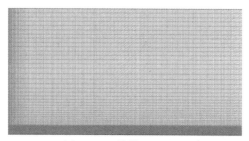

图 3.2　二维模型网格图

　　为了进行网格无关性验证，计算网格采用三种不同的网格对壁面射流进行模拟。其中，粗糙网格数为 30000，中等网格数为 47210，较好网格的网格数量为 100000。限于篇幅，这里只给出了采用 SWRSM 得到的结果，三种网格在顺流向距离为 $x=20b$ 处的平均风速剖面以及湍动能(tke)剖面如图 3.3 所示，可以看出，三种数量等级的网格计算结果没有明显的差别。其他几种湍流模型计算结果均表现出了网格无关性，本书后续模拟选择中等网格来进行。

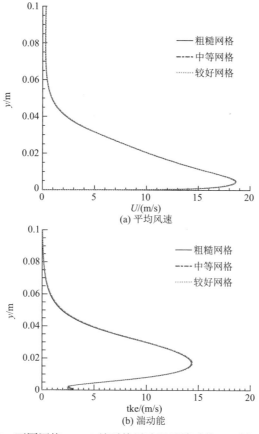

图 3.3　不同网格 $x=20b$ 处平均风速以及湍动能(tke)剖面对比

本书的目的在于找出准确并且计算经济的湍流模型来模拟壁面射流，因此需在结构化网格下计算求解稳态的 RANS 方程。Wygnanski 等[65]的壁面射流研究表明，半高 $y_{1/2}$ 的增长以及最大速度 U_m 的衰减是与雷诺数相关的，因此本书进行了四个不同雷诺数的数值模拟，雷诺数大小为 10000、20000、30000、40000，其中雷诺数的定义为 $Re = U_j b / \nu$，U_j 为壁面射流出流速度，b 为射流入口高度，ν 为运动黏度。

3.3.2　湍流模型参数

本节模拟中，standard k-ε 湍流模型、realizable k-ε 湍流模型、renormalization group k-ε 湍流模型、standard k-ω 湍流模型、shear-stress transport k-ω 湍流模型和 LRSM 六种模型的模型参数均采用 Fluent 默认数值，Fluent 中 SWRSM 是基于 Wilcox[206]在 1998 年提出的 stress-ω 模型。随后 Wilcox[88]对该模型参数进行了一定的修正，进一步提高了 SWRSM 的性能，而 Fluent 中参数并没有修正。为了得到更好的模拟结果，本节采用 Wilcox[88]修正参数进行数值模拟，具体参数如表 3.2 所示。

表 3.2　修正的 SWRSM 参数

C_1	C_2	Alpha*_inf	Alpha_inf	Beta_i	Beta*_inf	zeta*	Mt0	TKE Prandtl number	SDR Prandtl number
1.8	10/19	1	0.52	0.0708	0.09	0.5	0.25	5/3	2

模拟中连续方程与动量方程同时进行求解，动量、比耗散率和雷诺应力方程采用空间二阶迎风格式。空间离散的梯度项采用基于网格的最小二乘法(least squares method based cell)，压力项离散采用标准(standard)离散。与压力项的隐式算子分割(pressure-implicit with splitting of operator，PISO)算法相比，SIMPLEC 算法具有更好的收敛性(较低的收敛残差)，因此选择 SIMPLEC 算法进行流场数值计算。对于二维模型，质量、速度、ω、ε、湍动能和雷诺应力的绝对收敛残差设为 1×10^{-6}。

3.3.3　壁面射流无量纲特征分析

典型的壁面射流由壁面边界层的内层和剪切流外层组成，其中内、外层以最大风速 U_m 为界限，数值模拟中很难同时准确地模拟以及描述内、外层流场的特征，主要有两个原因：首先是由于 RANS 湍流模型的普适性，大部分 RANS 湍流模型的适用性极为有限，在模拟特定的流场时性能较好，但是想要同时对壁面边界层以及自由剪切流进行准确的模拟却有一定的难度；其次，虽然存在一个合适的度量尺度，但是采用哪种长度尺度与速度尺度对壁面射流进行分析才能得到其自相似特性存在疑问[200]。大量研究表明，当采用半高 $y_{1/2}$ 对竖向坐标进行无量纲处理，以及采用任意顺流向位置的最大速度 U_m 对该位置的水平风速竖向剖面进行无量纲处理时，不同顺流向的平均风速竖向剖面可以重叠为一条通用的曲线，其中，半高 $y_{1/2}$ 的定义为外层最大风速一半对应的竖向位置[202]。George 等[200]提出摩擦速度 u^* 以及长度尺度 v/u^* 作为内层的度量尺度较为合适，而外层的合适度量尺度仍然为 U_m 和 $y_{1/2}$，并且通过相关试验进行了对比验证。因此，本研究中将同时考虑内部尺度及外部尺度。

1. 平均风速剖面

典型的壁面射流包括内层区域和外层区域，其本质是双层剪切流，并且具有自相似特性。图 3.4 为 $Re = 20000$ 时采用 SWRSM 计算得到壁面射流在不同顺流向位置处的平均风速剖面。Launder 等[202]研究表明来自不同试验的归一化平均风速剖面几乎是一致的，除了流场的外部边缘区域($y/y_{1/2} > 1.3$)，这些区域由于外部流、回流以及测量误差导致了结果的差异[200]。由于采用激光多普勒速度计(laser doppler velocimeter，LDV)具有较高的测量精度，本节采用 Eriksson 等[67]的试验数据作为典型壁面射流的试验结果。由图 3.4 可以看出，采用 SWRSM 计算得到的无量纲平均风速剖面与 Eriksson 等的试验数据非常吻合，图中的试验数据是在雷诺数为 20000 时，顺流向距离 $x = 70b$ 处的平均风速剖面。

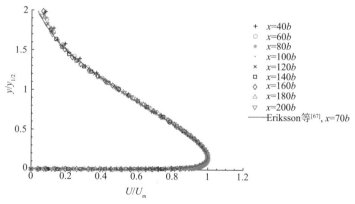

图 3.4　不同顺流向位置 SWRSM 与试验结果对比

图 3.5 为采用不同湍流模型模拟 $Re=20000$ 时平面壁面射流在 $x = 100b$ 处的平均风速剖面。可以看出，采用 SWRSM 得到的平均风速剖面与试验剖面最为一致，通过最大风速一半所在的竖向位置($y_{1/2}$)以及最大风速(U_m)，所有平均

风速剖面都包括相同的一个点，即横坐标 $U/U_m = 0.5$，纵坐标 $y/y_{1/2} = 1$。在 $y/y_{1/2} < 1$ 区域，与 Eriksson 等的试验结果以及两种雷诺应力模型相比，所有两方程模型(SKE、RNGKE、RKE、SKW 和 SSTKW)模拟得到的无量纲平均风速剖面最大速度位置都趋向壁面。基于 $k\text{-}\varepsilon$ 输运方程和 $k\text{-}\omega$ 输运方程的湍流模型对最大速度所在高度(y_m)的预测误差达到了 59%，对平均风速的模拟结果误差在 $y_{m,experiment} < y/y_{1/2} < 1$ 区域达 5.6%，在近壁面区域($y < y_{m,2\text{-}equation}$)达到 3.2%。在平面壁面射流的外层($y/y_{1/2} > 1$)，两方程湍流模型得到的平均风速均大于试验数据以及两种雷诺应力模型结果。

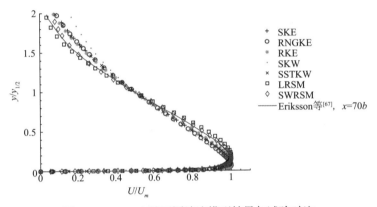

图 3.5　　$x = 100b$ 处不同湍流模型结果与试验对比

　　平面壁面射流最大风速一半所在的竖向位置 $y_{1/2}$ 随着顺流向距离的增加近似呈线性增大，其外层的扩展率可以用 $\mathrm{d}y_{1/2}/\mathrm{d}x$ 来表示。对无协同流的壁面射流，Launder 等[202]提出 $\mathrm{d}y_{1/2}/\mathrm{d}x$ 取值范围是 0.073 ± 0.002；Abrahamsson 等[201]发现壁面射流扩展率与雷诺数有关，当雷诺数从 10000 增大到 20000 时，扩展率从 0.081 变化到 0.075；Eriksson 等的试验采用 LDV 测量得到的结果为 0.078，其雷诺数为 10000。然而 Narasimha 等[211]的试验表明雷诺数为 10000 时扩展率为 0.091，Wygnanski 等[65]的研究表明扩展率为 0.088。

　　当雷诺数为 10000 时，不同湍流模型得到的 $y_{1/2}$ 与顺流向距离关系如图 3.6 所示。可以看出，在完全发展阶段，除了 SSTKW 模型，其余模型得到的结果与试验相比都偏大，然而 SSTKW 模型在任何顺流向位置的半高值都比试验结果小。随着顺流向距离的增大，不同湍流模型得到的结果之间的差别也逐渐变大。SWRSM 得到的结果与试验数据最为吻合，但是仍然在 $x/b < 90$ 区域偏小 7%，而在 $x/b > 90$ 区域偏大 13%。

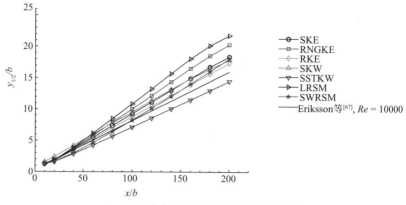

图 3.6　半高随顺流向距离的发展规律

2. y_m 与 $y_{1/2}$ 的关系

Schneider 等[212]的试验表明 y_m 与 $y_{1/2}$ 的比值在 0.13～0.17 范围内。图 3.7 为雷诺数为 20000 时，不同湍流模型得到的 y_m 与 $y_{1/2}$ 的比值。在完全发展区域，SWRSM 得到的 $y_m/y_{1/2}$ 值都位于 0.13～0.17 的范围内，LRSM 得到的结果都偏大，达到了 0.19。而两方程模型在完全发展阶段得到的结果都低于 0.12，较 Schneider 等的试验偏小，这也与图 3.5 平均风速剖面中观测到两方程模型得到的 y_m 比 RSM 以及 Eriksson 等试验更靠近壁面的现象相同。当顺流向距离大于 $40b$ 之后，所有模型得到的 $y_m/y_{1/2}$ 值基本不变，保持为一个常数，这表明壁面射流平均风速剖面的形状已经变得稳定，壁面射流变为完全发展流场。

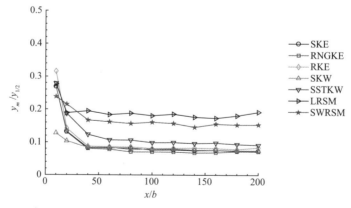

图 3.7　y_m 与 $y_{1/2}$ 的比值随着顺流向发展规律

3. 最大速度衰减

Wygnanski 等[65]和 Abrahamsson 等[201]的研究表明最大速度随顺流向距离的

衰减关系是雷诺相关的。同时，与最大速度有关的量 $1/U_m^2$ 与顺流向距离近似呈线性关系，Abrahamsson 等通过试验得到的 $(U_j/U_m)^2$ 的斜率范围是 0.067～0.089，对应的雷诺数范围是 10000～20000；而 Wygnanski 等得到的斜率为 0.079～0.14，对应的雷诺数范围是 3700～19000。George 等[200]通过对 Wygnanski 等、Abrahamsson 等以及 Eriksson 等试验数据的总结，发现 $(U_j/U_m)^2$ 的斜率范围为 0.067～0.094。不同湍流模型得到的最大风速衰减如图 3.8 所示，图中上、下边界的斜率分别为 0.067 和 0.094，即 George 等总结的斜率范围界限。可以看出，SSTKW 模拟得到的最大风速衰减斜率在完全发展阶段非常接近 0.067，SSTKW 得到的最大风速在相同无量纲径向距离与试验相比是偏大的。LRSM 得到的衰减率在完全发展阶段远远大于试验结果，而 RNGKE 模型得到的结果(斜率约为0.1)在大部分计算域与试验上边界都比较吻合，然后在顺流向距离 160b 以后出现较大的偏差。而 SKE、RKE、SKW 和 SWRSM 得到的结果都在试验结果斜率范围内。

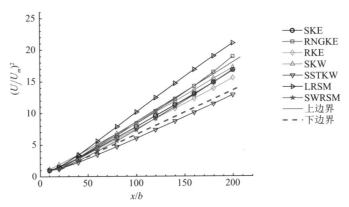

图 3.8　不同湍流模型射流中心线最大风速衰减情况

4. 有限深度的影响

平面壁面射流从周围的环境流体中卷吸流体。在数值模拟中，这种流体的卷吸将由边界条件来提供，有几种方式提供卷吸：一种方式是定义一个速度较小的协同流[84,86]；另一种是顶部边界定义一个极小的竖向分布速度，从而提供与弱协同流相同的作用[89,91]。如果没有通过边界条件来提供流体卷吸，那么在壁面射流的上方将会产生一个回流区域，这将会导致有效区域长度减小[213]。本节模拟研究中并未定义协同流或者顶部边界竖向分布速度流，正如 Swean 等[214]指出的，有效区域的长度会受到计算域高度的限制。因此，有必要对有效的计算域长度进行估计，Swean 等通常采用式(3.25)来计算有效计算长度 L_e：

$$\left(\frac{C_1 L_e}{b}\right)^{1/2} \approx \frac{1+\sqrt{\varDelta_J \dfrac{h}{b}}}{1+\varDelta_J} \tag{3.25}$$

式中，$\varDelta_J$ 为动量损失；C_1 是速度拟合曲线的斜率。

采用 SWRSM 计算结果进行有效计算长度的估计，如图 3.9 所示，有效计算长度为 L_e=83b，该位置由有限深度影响导致的动量损失为初始动量的 10%。图 3.9 中箭头的位置与 SWRSM 得到的无量纲速度偏离拟合直线的位置非常一致。

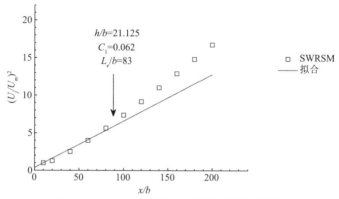

图 3.9　SWRSM 结果估计得到的有效计算长度

不论是质量流率抑或是动量，都能用来度量平面壁面射流，Launder 等[202]提出动量守恒可以作为判断壁面射流二维性的标准之一。图 3.10(a)为采用 SWRSM 方法得到的动量流量以及由壁面摩擦力导致的动量损失，其中射流任意位置的动量为

$$M_{\text{jet}} = \int_0^\infty \left(U^2 + \overline{u'^2} - \overline{v'^2}\right)\mathrm{d}y \tag{3.26}$$

射流入口处的动量为

$$M_0 = \int_0^b U_{\text{inlet}}^2 \mathrm{d}y \tag{3.27}$$

由壁面摩擦力导致的动量损失可以表示为

$$M_{\text{loss}} = \int_0^x \left(\tau_\omega / \rho\right)\mathrm{d}y \tag{3.28}$$

式中，$\overline{u'}$、$\overline{v'}$ 为脉动速度；τ_ω 为壁面切应力。

从图 3.10(a)中可以看出，壁面射流的动量由于卷吸作用而不断减小，而 SWRSM 计算得到的结果在顺流向距离为 80b 之前区域满足动量守恒，然后动量开始出现偏差，流场由于卷吸作用而出现变化，这与最大速度分析中得到的结论非常一致。壁面射流的质量流量如图 3.10(b)所示，可以看出，壁面射流一直在进行卷吸作用，但是在顺流向距离 100b 之后，卷吸作用变弱，卷吸率变小。

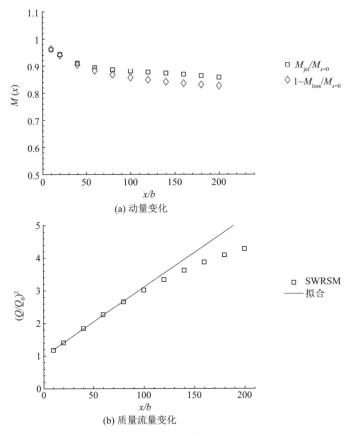

(a) 动量变化

(b) 质量流量变化

图 3.10　SWRSM 结果的顺流向变化

5. U_m 和 $y_{1/2}$ 的关系

George 等[200]提出 U_m/U_j 和 $y_{1/2}/b$ 之间的关系可以用指数律来表示，即如式(3.29)所示：

$$\frac{U_m}{U_j} = B_0 \left(\frac{y_{1/2}}{b} \right)^n \tag{3.29}$$

式中，U_j 为射流出流速度；b 为射流喷口高度。根据对试验数据的总结可以得到参数 $B_0 = 1.09$，$n = -0.528$。

当雷诺数为 20000 时，不同湍流模型模拟得到的 U_m/U_j 和 $y_{1/2}/b$ 的关系结果与式(3.29)较为吻合，如图 3.11 所示。可以看出，不同湍流模型得到的数据较为接近，与 George 等得到的经验系数相比，数值模拟结果得到的 B_0 略大，其值为 1.12，而 n 值为 -0.528，这是由于 B_0 值是雷诺相关的。

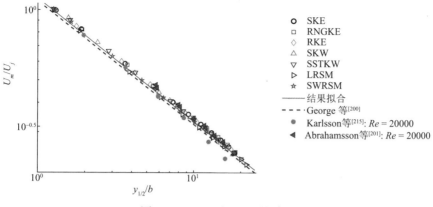

图 3.11　U_m/U_j 和 $y_{1/2}/b$ 的关系

Wygnanski 等[65]提出壁面射流的自相似特性与喷口出流动量以及流体的密度和运动黏度 ν 有关。Narasimha 等[211]提出 U_m 和 $y_{1/2}$ 之间的关系通常可以用运动黏度 ν 和 M_0 进行无量纲化处理，其中，M_0 是出流处每单位质量以及每单位长度上的动量施加率，这些参数是对线性动量源仅有的可用参数[200]。Wygnanski 等认为采用这种动量尺度对壁面射流进行无量纲化处理是雷诺无关的，并且这种无量纲关系可以用式(3.30)来表示：

$$\frac{U_m \nu}{M_0} = B_1 \left(y_{1/2} M_0 / \nu^2 \right)^n \tag{3.30}$$

式中，B_1 和 n 为由试验数据拟合得到的参数，George 等[200]通过对 Karlsson 等[215]试验数据进行分析得到的 B_1 和 n 的值分别为 1.85 和 –0.528。

采用动量尺度对几种湍流模型结果进行无量纲化分析，如图 3.12 所示，几

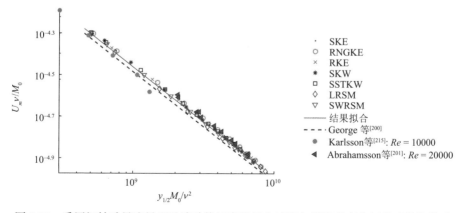

图 3.12　采用初始动量流量以及湍动能尺度的最大速度与射流半高之间的对数律关系

种湍流模型得到的结果非常接近，但是数值模拟得到的 B_1 值为 1.95，略大于 George 等的拟合试验值。同时，数值模拟结果与 Abrahamsson 等试验结果非常吻合，参数 B_1 随着雷诺数的增大而增大。

6. 内层顺流向速度剖面

壁面射流的内层类似于传统的湍流边界层[76]，描述壁面射流内层的常用方法是采用边界层壁面的对数律公式。Irwin[216]、Wygnanski 等[65]、Eriksson 等[67]以及 George 等[200]都尝试采用描述传统湍流边界层的方法来描述壁面射流的近壁面特性，即采用式(3.31)描述黏性底层($y^+ < 5$)以及式(3.32)来描述对数律层($30 < y^+ < 0.1\delta^+$)：

$$U^+ = y^+ \tag{3.31}$$

$$U^+ = A\ln(y^+) + B \tag{3.32}$$

式中，y^+ 为无量纲壁面距离，$y^+ = \dfrac{y\rho U_\tau}{u}$，$U_\tau = \dfrac{\sqrt{\tau_w}}{\rho}$，$\tau_w$ 为壁面剪切应力，ρ 为密度；U^+ 为无量纲速度，定义为 $U^+ = \dfrac{U}{U_\tau}$。

George 等发现无论是壁面射流理论还是试验数据，都无法说明常规湍流壁面边界层对数律对壁面射流是通用的。对于管道流或者渠道流，系数 A 的值通常是不同的。对于传统的湍流边界层(turbulent boundary layer，TBL)，A 的值通常为 5.6，B 是无量纲积分常数，对于光滑壁面的流动，取为 5.0[109]。然而，Smith[70] ($Re = 21000$，$A = 4.2$，$B = 8.7$) 和 Wygnanski 等[65] ($Re = 5000 \sim 19000$，$A = 5.5$，$B = 5.5 \sim 9.5$)的试验都表明，与上述传统 TBL 相比，壁面射流中 A 的取值都偏小而 B 的值都偏大，同时也说明了 TBL 对数律公式在壁面射流中的应用是与雷诺数有关的。

不同湍流模型得到的 $x = 100b$ 处内层速度剖面如图 3.13(a)所示，可以看出，两方程模型得到的结果与 TBL 对数律 $U^+ = 5.6\ln(y^+) + 5.0$ 在 $y^+ = 40 \sim 200$ 范围内比较吻合，而 SWRSM 得到的结果比其他湍流模型更加饱满，与 Smith 试验得到的结果最为一致。图 3.13(b)为近壁面 $y^+ < 10$ 区域速度剖面的放大图，可以看出，除了 LRSM 计算结果外，不同湍流模型的数据与 Smith 的试验结果非常一致，但是比其他试验数据偏大。而在最靠近壁面的区域，速度剖面基本呈线性，即 $U^+ = y^+$，在 $y^+ > 5.6$ 后出现偏离。

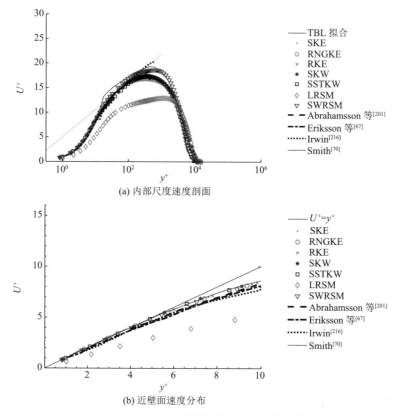

图 3.13　采用内部尺度的近壁面速度分布

7. 雷诺应力

两方程湍流模型(SKE、RNGKE、RKE、SKW、SSTKW)都是基于 Boussinesq 假设的,通过引入湍动黏度,把雷诺应力表示为湍动黏度的函数进行求解。假设湍动黏度是各向同性的,因此各个方向的雷诺正应力 $\overline{u'u'}$、$\overline{v'v'}$、$\overline{w'w'}$ 是假设为相等的。然而,大量试验表明壁面受限制流体的雷诺应力是各向异性的,许多以适用范围广为目标的通用湍流模型,如本书采用的两方程模型 SKE、RNGKE、RKE、SKW、SSTKW,都假设雷诺应力在平板边界层的对数律区域以及核心层大部分区域呈固定的比例[88],如式(3.33)所示。不论是对 k-ε 模型还是 k-ω 模型,雷诺正应力的求解都通过求解湍动能而得到的。

$$\overline{u'u'} : \overline{v'v'} : \overline{w'w'} = 4 : 2 : 3 \tag{3.33}$$

雷诺切应力则可以通过不可压缩流体的 Boussinesq 假设得到,如式(3.34)所示:

$$-\rho\overline{u'v'} = \mu_t\left(\frac{\partial u'}{\partial y} + \frac{\partial v'}{\partial x}\right) - \frac{2}{3}\rho k\delta_{ij} \tag{3.34}$$

　　而对于雷诺应力模型，如 SWRSM 和 LRSM，通过求解各项雷诺应力的输运方程，即可直接得到雷诺应力。

　　不同湍流模型计算得到的壁面射流中主要雷诺应力如图 3.14～图 3.16 所示。总体而言，RNGKE 模型得到的结果与 Eriksson 等采用 LDV 测量得到的结果最为接近，除了 SSTKW 模型，其他模型得到的结果都比试验雷诺应力值大；对于雷诺切应力 $\overline{u'v'}$ 的模拟，除了 LRSM 以外，其他模型在近壁面得到了与试验较为接近的结果，其他湍流模型结果都偏小；同时，所有模型都没有准确地模拟出竖向雷诺正应力的内峰值。总体来讲，采用更复杂的雷诺应力输运方程的雷诺应力模型对雷诺应力的模拟效果，要优于采用 Boussinesq 假设的湍流模型。

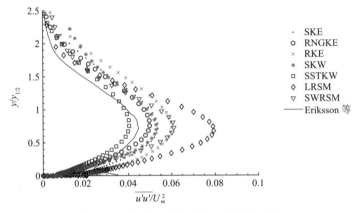

图 3.14　顺流向雷诺正应力的竖向剖面

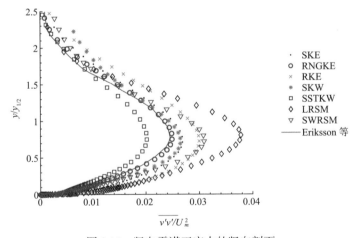

图 3.15　竖向雷诺正应力的竖向剖面

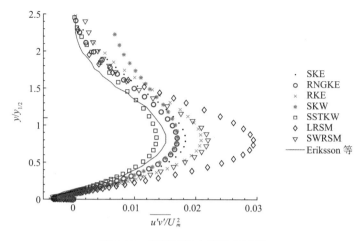

图 3.16 雷诺切应力的竖向剖面

8. 壁面摩擦系数

壁面摩擦系数 c_f 是度量壁面受限流体内层区域的一个重要参数,但是准确地测量或者估计壁面摩擦系数是较为困难的。由于壁面射流内层具有壁面边界层特性,壁面摩擦系数是一个非常重要的参数,在无协同流壁面射流中通常采用最大速度 U_m 来定义壁面摩擦系数,即 $c_f = 2\tau_\varpi / (\rho U_m^2)$,其中 τ_ϖ 为壁面切应力,Bradshaw 等[93]根据其壁面射流试验提出了壁面摩擦系数和局部雷诺数关系的经验公式:

$$c_f = 0.0315 R_m^{-0.182} \tag{3.35}$$

式中,局部雷诺数定义为 $R_m = U_m y_m / \nu$,不过该公式仅仅适用于 $3\times10^3 < R_m < 4\times10^4$ 范围内无协同流壁面射流。

对于局部雷诺数为 10000~27000 的无协同流壁面射流,SSTKW 模型以及 SWRSM 得到了与试验模拟最为吻合的结果,如图 3.17 所示,而 LRSM 得到的结果与其他湍流模型相比最差,并且与试验结果不在一个数量级上,因此图 3.17 上并没有画出 LRSM 得到的数据。

从图 3.4~图 3.17 的分析可以看出,除了在模拟雷诺应力时略有偏差,SWRSM 得到的结果与试验结果最为吻合,无论是在内层还是外层都得到了与试验及理论较为一致的结果。因此,3.4 节采用 SWRSM 对壁面射流进行三维数值模拟,同时与 LES 结果进行对比分析。

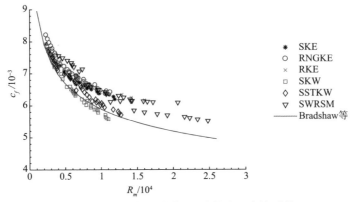

图 3.17　不同局部雷诺数 R_m 时的壁面摩擦系数 c_f

3.4　平面壁面射流的三维数值模拟

在一些工程应用中，只需要得到平均风速，那么采用 SWRSM 是完全能满足要求的，但是 SWRSM 对壁面射流的湍流特征模拟结果较差，对于需要进行湍流特征分析的情况就不太适合了。虽然 DNS 能够得到准确及详细的湍流信息，但是计算成本太高，并且很多情况不能满足实际应用的要求，而 LES 则是兼顾准确性与计算效率的一种方法。同时，实际工程基本都是三维空间的情况，因此对三维模型的平面壁面射流进行研究是非常必要的。

为了研究平面壁射流在三维模型中的平均速度场和脉动速度场，本节采用 LES 和 SWRSM 湍流模型对壁面射流进行三维数值模拟，模拟结果将与以前文献中风洞以及水槽壁面射流试验进行比较，这些试验都是通过一个正方形的喷口产生壁面射流，其试验区域在模拟可以接受的计算域范围内。

3.4.1　计算设置

平面壁面射流三维模型的计算域如图 3.18 所示，其中 b 为壁面射流喷口高度，x、y 和 z 分别代表顺流向、竖向以及横流向。由于现阶段计算水平的现状，采用 LES 的计算域长度普遍在 50 倍喷口高度范围。因此，本节采用计算域的具体尺寸为 $L_x \times L_y \times L_z = 50b \times 16b \times 6b$。因为壁面射流在 $x=20b$ 处基本能达到完全发展阶段，所以计算域的顺流向长度是足够用来模拟和对比的。

计算域左侧射流入口边界条件采用速度入口(velocity inlet)，入口雷诺数为 $Re=U_jb/\nu$ =10000；计算域的底部采用无滑移壁面条件(no-slip boundary condition)，计算域的两侧边界采用周期边界(periodic boundary)以保证平面壁面射流三维模型的二维性，顶部边界采用自由滑移壁面边界条件(free slip boundary condition)，在射流出口即计算域的右侧平面，边界条件为压力出口(pressure outlet)。

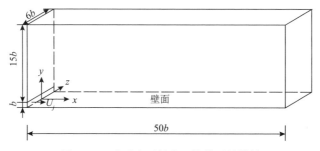

图 3.18　平面壁面射流三维模型计算域

　　计算网格采用结构化网格以保证网格的质量，对射流入口区域以及近壁面区域网格进行加密，如图 3.19 所示。LES 方法和 SWRSM 分别采用两套网格来检查网格无关性，具体的网格划分如表 3.3 所示。四套网格的第一层网格节点与壁面的无量纲距离 $y^+ < 1$。四种网格计算得到的计算域中心线上 $x = 20b$ 处的顺流向平均风速剖面以及雷诺切应力竖向剖面分别如图 3.20 和图 3.21 所示。可以看出，采用 LES 和 SWRSM 时，不同的网格得到的平均风速剖面并没有明显的差别，而雷诺切应力的最大误差分别为 2.6% 和 6.9%。因此，在接下来的计算模拟中，LES 方法的计算网格为 G1，而 SWRSM 的计算网格采用 G3。其中，网格 G1 基于壁面单元的分辨率为 $\Delta x^+ < 68$、$\Delta y^+ < 1$ 和 $\Delta z^+ < 68$，网格 G3 基于壁面单元的分辨率为 $\Delta x^+ < 123$、$\Delta y^+ < 1$ 和 $\Delta z^+ < 96$，如图 3.22 所示。

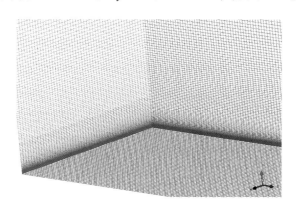

图 3.19　入口处近壁面网格图

表 3.3　不同网格的参数设置

网格名称	N_x	N_y	N_z	网格数量	数值模型
LES-G1	400	180	60	4.32×10^6	LES
LES-G2	300	180	50	2.70×10^6	LES
SWRSM-G3	200	140	30	8.40×10^5	SWRSM
SWRSM-G4	150	115	25	4.31×10^5	SWRSM

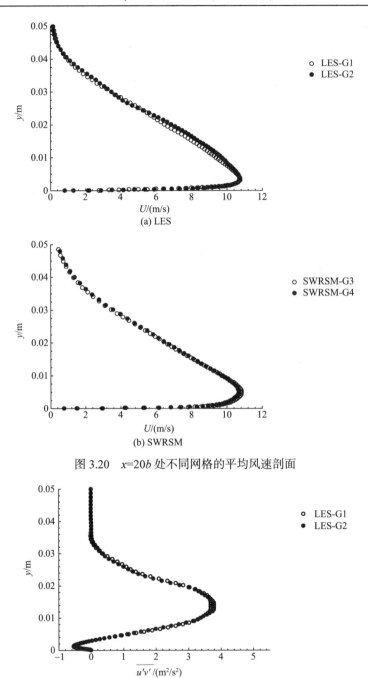

(a) LES

(b) SWRSM

图 3.20　$x=20b$ 处不同网格的平均风速剖面

(a) LES

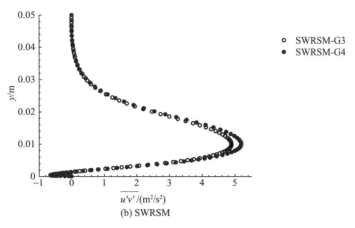

(b) SWRSM

图 3.21　$x=20b$ 处不同网格雷诺切应力竖向剖面

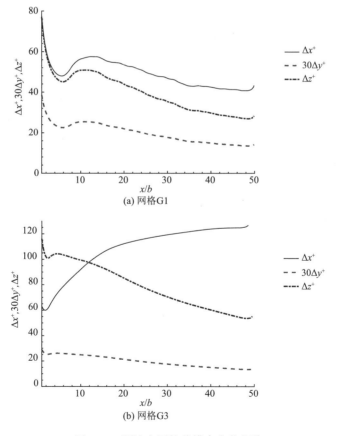

(a) 网格 G1

(b) 网格 G3

图 3.22　顺流向网格分辨率变化规律

仍然采用 ANSYS Fluent 进行数值模拟，采用有限体积法对 Navier-Stokes 方程进行封闭求解。连续方程的收敛准则为 1×10^{-6}，其他方程的收敛准则均设为 1×10^{-5}。为了维持求解的稳定性，在选择时间步长时，保证库朗数(Courant number) 小于 1。采用 SIMPLEC 算法进行速度-压力的耦合来对离散化控制方程进行求解。空间离散的梯度项采用基于网格的最小二乘法，采用有界中心差分(bounded central differencing)对动量进行离散，压力的离散采用隐式二阶迎风格式(second-order implicit scheme)。

在进行数据采集统计之前，需要保证流场计算达到稳定状态，因此首先需要计算 20 倍特征流动时间($T_{fl} = L_x / U_j$)，然后采集接下来 30 个特征周期之内的数据进行时间平均，从而得到壁面射流的统计数据。

3.4.2 结果和讨论

1. 有效计算长度

为了检查平面壁面射流三维模型模拟的二维性，找出计算域的有效计算长度，采用 LES 数据进行分析，如图 3.23 所示。根据 Swean 等[214]提出的方法，本研究的有效计算长度 L_e 为 51b，如图 3.23 中的箭头位置所示。图 3.24 为顺流向动量变化规律，可以看出，在 $x=30b$ 以前都满足动量方程，随后，在顺流向离射流出口更远的位置，壁面射流的动量损失开始逐渐增大。总体而言，在本研究的三维计算域模型中，计算域的高度对计算域的有效计算长度基本没有影响。

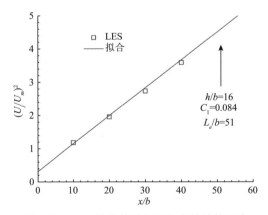

图 3.23 LES 结果估计得到的有效计算长度

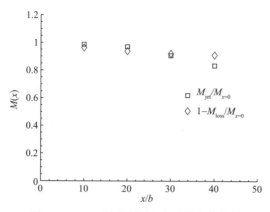

图 3.24　LES 得到的顺流向动量变化规律

2. 平均速度剖面

采用外部尺度进行无量纲处理的 LES 和 SWRSM 平均风速剖面如图 3.25
所示，图中通过数值模拟结果与不同试验结果进行对比，可以看出 LES 结果与
Eriksson 等[67]试验数据吻合很好；而采用 SWRSM 得到的结果，在不同顺流向
位置与试验结果都出现了一定的偏差。LES 模拟得到的平均速度剖面在 $x/b \geqslant$
30 之后达到了自相似，这与 Rostamy 等[71]得到的结果较为一致。图 3.26 为
LES 和 SWRSM 得到的计算域中心线上不同顺流向位置的半高值，两种数值模
拟方法得到的结果都比 Eriksson 等的试验得到的半高值偏大。LES 得到壁面射
流的扩展率，$\mathrm{d}y_{1/2}/\mathrm{d}x$ 大约为 0.0748，与 Launder 等[202]提出的取值范围 $\mathrm{d}y_{1/2}/\mathrm{d}x =$
0.073 ± 0.002 非常吻合，然而，SWRSM 得到的扩展率约为 0.0986，并没有处于
该范围内。

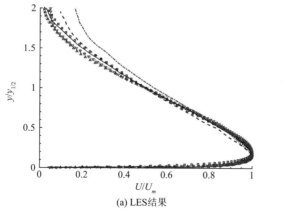

(a) LES结果

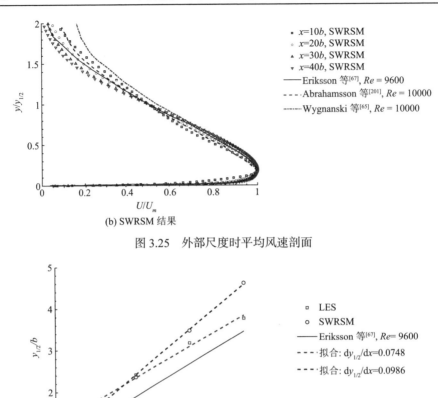

(b) SWRSM 结果

图 3.25　外部尺度时平均风速剖面

图 3.26　半高顺流向发展规律

图 3.27 为采用内部尺度进行无量纲处理的 LES 和 SWRSM 平均风速剖面。图中除了与文献中的物理试验数据进行对比，还与 Dejoan 等[89]的 LES 结果进行了对比。在 $y^+ \leqslant 90$ 区域，不管是 LES 结果，还是 SWRSM 结果，不同顺流向位置风速剖面都能重叠成一条曲线。然而，在内层和内外层交换区，采用 LES 得到的无量纲速度 U^+ 比 Eriksson 等[67]试验测量得到的结果偏小，采用 SWRSM 得到的结果却与试验结果非常一致。图 3.27 中同时给出了根据数值模拟结果拟合的对数律关系：$U^+ = 5.5\ln(y^+) + 4.8$。可以看出，LES 结果在 $30 < y^+ < 100$ 区域与对数律关系较为一致，而 SWRSM 在 $20 < y^+ < 100$ 区域与对数律关系一致。拟合对数律关系式中参数 A 的值与 Wygnanski 等[65]的试验得到的结果相同，但是参数 B 却偏小，这可能是由雷诺数不同所致。

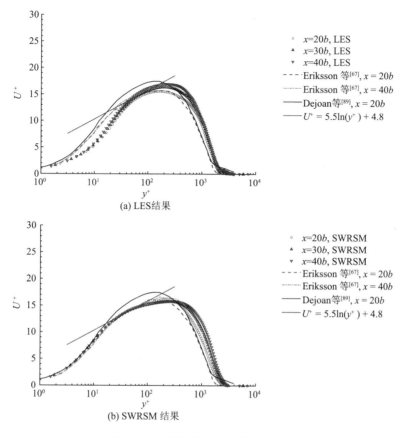

图 3.27　内部尺度时的平均风速剖面

3. 雷诺应力

图 3.28 为数值模拟得到的顺流向雷诺正应力剖面，并与不同文献试验结果进行了对比。可以看出，不论是采用外部尺度还是内部尺度，LES 方法与 SWRSM 方法相比，在模拟雷诺正应力时更为有效，LES 得到的雷诺正应力剖面和试验结果更为吻合(最大误差为 9.3%)。大量的试验研究表明，在顺流向雷诺正应力剖面中存在两个峰值，一个内峰值在近壁面区域($y^+ < 100$)，另外一个外峰值位于自由剪切区域(y^+的数量级约为 1000)。而 SWRSM 方法没有得到近壁面的内峰值，并且在外峰值处得到的结果偏大，与试验相比有较大的误差，其中，uu^+为无量纲雷诺正应力，定义为 $uu^+ = \dfrac{\overline{u'u}}{u^{+2}}$。

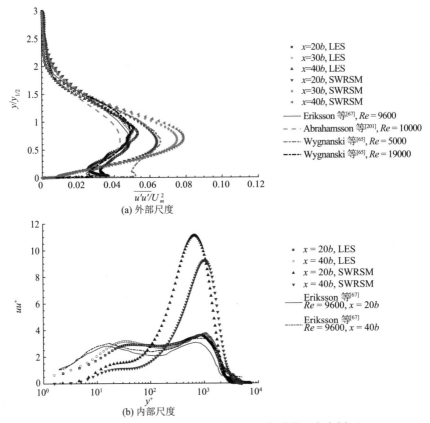

图 3.28　SWRSM 与 LES 得到的顺流向雷诺正应力剖面

竖向雷诺正应力剖面如图 3.29 所示，可以看出与顺流向雷诺正应力不同，竖向雷诺正应力剖面只有一个外峰值。采用 LES 和 SWRSM 得到的剖面都比试验结果偏大，并且 SWRSM 与试验相比有较大的偏差。

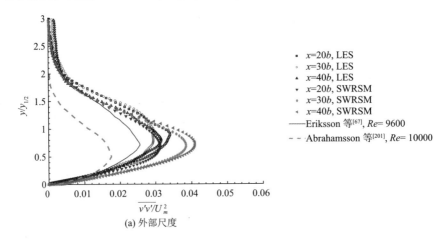

(a) 外部尺度

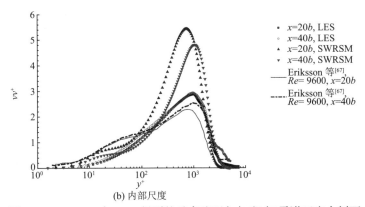

(b) 内部尺度

图 3.29　SWRSM 与 LES 得到的垂直壁面方向(竖向)雷诺正应力剖面

图 3.30 为雷诺切应力 $\overline{u'v'}$ 剖面图，可以看出，雷诺切应力同样存在两个峰值，不同的是，近壁面峰值为负，同时，随着壁面距离的增大，雷诺切应力从负变为正，而雷诺切应力消失的位置($\overline{u'v'}=0$)比最大速度所在位置更靠近壁面，这个现象可以作为壁面射流内层与外层相互作用的一个有效的证据。而最大速度位置与零切应力点之间的区域被 Eskinazi 等[217]定义为能量反转区域，在这个区域的湍动能产生为负。在外部尺度下，数值模拟得到的外层正切应力峰值与试验值相比仍然偏大，如图 3.30(a)所示；而在内部尺度下数值模拟得到的内层负切应力峰值却小于试验值，如图 3.30(b)所示。总体而言，在雷诺切应力的模拟中，LES 的性能明显优于 SWRSM 方法。Eriksson 等的试验发现在内部尺度下，顺流向距离 $x=20b$ 处的外峰值小于 $x=40b$ 处，但是 LES 和 SWRSM 得到的结果却刚好相反。不管是 LES 方法还是 SWRSM 方法，得到的雷诺切应力剖面在内部尺度下都不能重叠在一起，而 George 等[200]发现采用摩擦速度 u^* 进行无量纲分析时，Abrahamsson 等[201]的试验数据可以重叠在一起，因此本节模拟结果表明内部尺度并不一定适合于雷诺应力的无量纲分析。

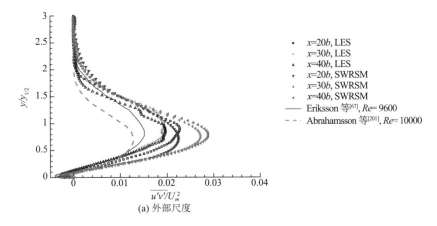

(a) 外部尺度

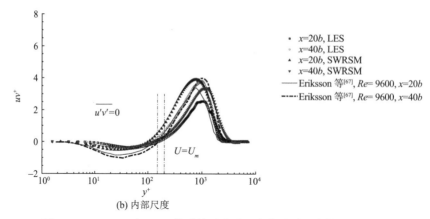

图 3.30　SWRSM 与 LES 得到的垂直壁面方向(竖向)雷诺切应力剖面

3.5　本 章 小 结

本章通过不同的湍流模拟方法对典型壁面射流的流场特征进行了模拟及详细的分析，并着重对比了各湍流模拟方法的性能，为后续章节的研究提供了高效、合理的数值模拟方法，主要结论总结如下：

(1) 得到了适合壁面射流模拟的 RANS 湍流模型。采用 7 种 RANS 湍流模型对无协同流二维平面壁面射流进行数值模拟，通过典型的壁面射流参数对数值模拟数据以及试验数据进行无量纲分析，包括外部尺度半高、最大风速，内部尺度即由壁面规律得到的摩擦速度 u^* 以及 v/u^*，同时考虑了壁面摩擦系数。在雷诺数 Re 为 $10000 \sim 40000$ 范围内，发现采用修正参数的 SWRSM 模拟得到的稳态二维无协同流壁面射流在 $x/b \leqslant 200$ 区域内与试验结果吻合最好。

(2) 模拟修正了壁面射流流场特征的经验表达式参数。所有 RANS 湍流模型模拟得到的 U_m/U_j 和 $y_{1/2}/b$ 之间的关系均与试验较为一致，但是根据 George 等[200]提出的理论，模拟得到的参数 B_0 应该调整为 1.12。同时，采用动量分析方法时，所有 RANS 湍流模型模拟得到的 $U_m v/M_0$ 和 $y_{1/2}M_0/v^2$ 之间的关系均与试验结果较为一致，而根据 George 等提出的理论，模拟得到的参数 B_1 应该调整为 1.95。

(3) 采用 LES 和 SWRSM 对平面壁面射流进行了三维模拟，两种方法得到的结果与文献中的试验数据进行了对比。结果表明，在采用外部尺度进行无量纲分析时，与 SWRSM 结果相比，LES 平均速度剖面与试验数据的吻合度更高。同时，平均速度剖面的自相似性出现在顺流向距离 $x = 30b$ 之后。然而，在使用内部尺度进行无量纲分析时，SWRSM 方法在内层速度剖面的模拟上效果更好。

(4) LES 在模拟雷诺应力时表现出比 SWRSM 更好的性能，采用 SWRSM 得到的雷诺应力的外层剖面都比试验结果偏大。不论是采用外部尺度还是内部尺度，LES 得到的雷诺正应力剖面都能很好地进行重叠并且与试验结果较为一致；而 LES 都准确地模拟出了顺流向雷诺正应力和雷诺切应力的近壁面峰值，但是 SWRSM 方法却没有得到顺流向雷诺正应力近壁面峰值；采用内部尺度时，LES 和 SWRSM 两种方法得到的雷诺切应力的外峰值在 $x = 20b$ 处都小于 $x = 40b$ 处，并且不同顺流向位置的雷诺切应力剖面在采用摩擦速度 u^* 进行无量纲化处理时不能重叠在一起。

(5) 针对结构风工程的数值模拟研究，SWRSM 方法在无协同流壁面射流平均风场的模拟上是有效的；而对于进一步需要考虑流场脉动及时变的模拟中，LES 方法是较为合适的。

第4章 稳态下击暴流出流段风场模型参数化分析

4.1 引 言

以往的下击暴流研究主要都集中于风剖面特征方面，对下击暴流出流段风场的发展如特征长度及特征速度的变化规律研究较少。本章基于冲击射流模型和平面壁面射流模型，采用 CFD 对下击暴流出流段的发展规律进行研究，进一步验证平面壁面射流模型的有效性，使基于平面壁面射流的下击暴流风场中进一步结构分析成为可能。

4.2 计算模型及方法

采用 Fluent17.0 对三维冲击射流和平面壁面射流进行稳态数值模拟，计算域及边界条件如图 4.1 所示。冲击射流侧面以及顶面为压力出口，底部壁面为无滑移壁面，入口采用速度入口，入流湍流度为 1%，出流直径 D=500mm，H 为冲击射流出流高度。而平面壁面射流入口由出流速度入口以及协同流速度入口组

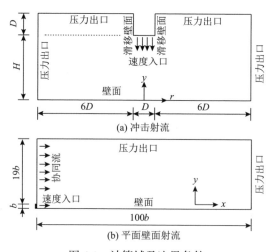

图 4.1 计算域及边界条件

成，定义有协同流壁面射流风速比为 $\beta_p=U_E/U_j$，其中，U_E 为协同流速度，U_j 为射流出流速度，壁面射流喷口高度 b=30mm，底部壁面采用无滑移壁面，计算域的两侧面采用对称边界。

两种模型的计算域均采用结构网格进行划分，以保证网格的质量，并且在近壁面都进行加密，第一层网格高度满足无量纲参数 y^+<1。其中，冲击射流模型网格数约为 210 万个，平面壁面射流模型网格数约为 170 万个，如图 4.2 所示。

(a) 冲击射流　　　　　　　　　　　　　　(b) 平面壁面射流

图 4.2　计算网格图

湍流模型采用 SWRSM，根据下击暴流的流场特征，选取冲击射流的计算参数为出流雷诺数及出流高度 H，其中，雷诺数的定义为 $Re=U_jD/\nu$；平面壁面射流的计算参数为出流雷诺数以及协同流壁面射流风速比 β_p，其中，雷诺数的定义为 $Re=U_jb/\nu$。Hjelmfelt[9]的实测研究表明，约有 50%的下击暴流伴随云层平动，而平移风速最快能达到 20m/s[218]。Fujita 等[10]记录的华盛顿安德鲁斯空军基地(AAFB)下击暴流，在离地 4.9m 高度处的风速超过 67m/s；而三个常用的下击暴流平均风速分布剖面模拟的理论模型(Oseguera 模型[18]、Vicroy 模型[19]、Wood 模型[20])给出的最大风速参考值均为 80m/s。综上，可以估计下击暴流平移风速与下击暴流最大风速的比值约为 0.25。因此，为了反映真实下击暴流情况，本节下击暴流移动风速比的取值为 0.1、0.15、0.2、0.25、0.3。而在壁面射流模型中，壁面射流用以模拟下击暴流出流段，而采用协同流来模拟雷暴云层的平动效应，即本节模拟有协同流壁面射流时，协同流壁面射流风速比 β_p 取值为下击暴流移动风速比。因此，两种射流模拟的具体计算参数如表 4.1 所示。

表 4.1　冲击射流模型与平面壁面射流模型计算参数

射流类型	参数	$Re/10^4$	H	β_p
冲击射流	Re 的影响	2.5、5.0、10.0、15.0、20.0、25.0	$2D$	—
	H 的影响	5.0	$1D$、$2D$、$3D$、$4D$、$5D$、$6D$	—

续表

射流类型	参数	$Re/10^4$	H	β_p
平面壁面射流	Re 的影响	0.5、1.0、2.0、4.0、6.0、8.0、10.0	—	0.1
	β_p 的影响	6.0	—	0.1、0.15、0.2、0.25、0.3

4.3　平均风剖面

图 4.3 给出了冲击射流在出流高度 $H=2D$ 时水平速度竖向剖面。可以看出，当 $r<1.0D$ 时，竖向剖面与经典平面壁面射流试验[67]以及三种最大平均风速模型[18-20]相比基本一致，只是在近壁面略微偏大，这是由于在冲击区域，竖向速度转化为水平风速，还未完全发展形成壁面射流流场，数值模拟结果与 McConville 等[41]以及邹鑫等[22]的冲击射流试验非常吻合；而在 $1D<r<3D$ 区域，竖向剖面与 Wood 模型[20]和 Oseguera[18]模型以及经典壁面射流试验结果非常吻合，这与壁面射流模型的完全发展阶段完全一样，同时与 McConville 等[41]以及邹鑫等[22]的冲击射流试验也非常吻合；当 $r>3D$ 时，下击暴流风速衰减较多，对建筑物的危害性也大大降低，因此基于下击暴流的冲击射流试验研究大部分未对此区域进行测量，图 4.3(c)中只对比了平面壁面射流典型剖面以及三种下击暴流半解析模型，当 $r>3D$ 时，竖向剖面最大风速扩展率逐渐变大，无量纲的最大风速位置上移，但是整体上与壁面射流模型以及三种下击暴流的理论剖面基本保持一致。整体来说，冲击射流模型能较为准确地得到下击暴流出流段水平风的竖向平均风剖面。

Chay 等[31]通过试验得出冲击区与壁面射流区分界位置在 $1.0D\sim1.25D$。不同竖向高度处冲击射流模型水平速度径向剖面如图 4.4 所示。可以看出，最大风速发生的径向位置在 $1.1D$ 左右，与试验结果非常吻合。

平面壁面射流在雷诺数为 60000，协同流比例为 0.1 时，水平速度的竖向剖面如图 4.5 所示，当 $x=10b$ 时，壁面射流处于初始发展阶段，最大风速高度较大，与 Vicroy[19]下击暴流平均风速剖面模型较为接近。当壁面射流进入完全发展阶段后($x>20b$)，可以看出壁面射流模型数值模拟结果与经典壁面射流试验结果极为吻合，而与传统的下击暴流三种最大平均风速模型相比，Wood 模型[20]和 Oseguera 模型[18]与壁面射流结果也非常吻合，而 Vicroy 模型[19]的最大风速高度则明显偏大。

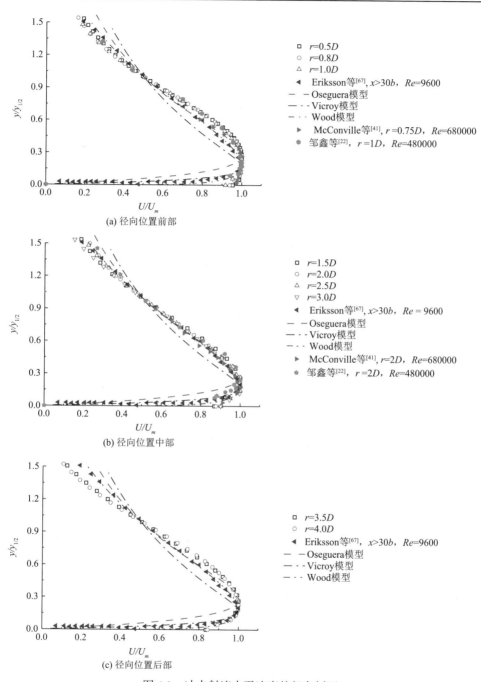

(a) 径向位置前部

(b) 径向位置中部

(c) 径向位置后部

图 4.3　冲击射流水平速度的竖向剖面

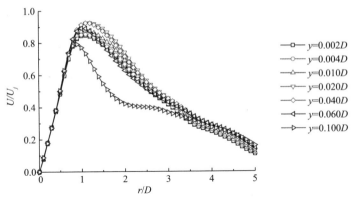

图 4.4　冲击射流水平速度的径向剖面

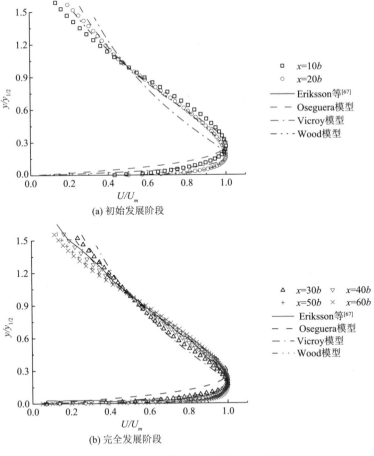

图 4.5　壁面射流水平速度的竖向剖面

通过上述分析可以看出，壁面射流竖向剖面与下击暴流以及冲击射流的最大径向风速处竖向剖面非常一致，两种模型都较为正确地给出了下击暴流出流段竖向风剖面的主要特征。总体而言，两种物理模型都可以作为研究下击暴流风场的有效方法。

实际上，不论是冲击射流还是平面壁面射流，最适合的外部长度尺度应该是 $y_{1/2}$，而两种早期的模型，即 Oseguera 等[18]和 Vicroy[19]，以及后来 Li 等[21]提出的模型长度尺度均是基于最大速度所在的高度，从壁面射流自相似性的角度考虑，这并不是十分合理。Wood 等[20]提出的基于半高的模型对壁面射流风场是较为合适的，但是 Wood 模型是一个三参数模型，并不便于实际应用。因此，本节基于长度尺度 $y_{1/2}$，根据模拟数据拟合了新的竖向速度剖面表达式，该表达式只有两个参数，包括一个形状参数以及尺度参数，参数意义明确且数量少于Wood 模型，如式(4.1)所示：

$$U(y) = \alpha \left(\frac{y}{y_{1/2}}\right)^{0.1\lambda} e^{(1-y/y_{1/2})/\lambda} \left(\text{erfc}\left(\frac{y}{\lambda y_{1/2}}\right)\right) U_{\max} \tag{4.1}$$

式中，efrc($\cdot$)为高斯互补误差函数；尺度参数 α 取值为 1.036；形状参数 λ 的取值为 2.0。

三种半经验模型与本节提出的模型结果对比如图 4.6 所示，当采用半高作为长度尺度时，式(4.1)与 Wood 模型结果基本一致，在 $y/y_{1/2} > 1$ 之后出现一定区别，而继续采用 y_m 对得到的速度剖面进行无量纲化处理后，式(4.1)与 Wood 模型结果几乎一致，并且与 Hjelmfelt 得到的实测平均值在近地面吻合较好，而在较高位置有一定的误差。同时，式(4.1)还满足 $U(y_m) = U_{\max}$ 这一必要条件，因此本节提出的模型是能够满足下击暴流的主要特征的。

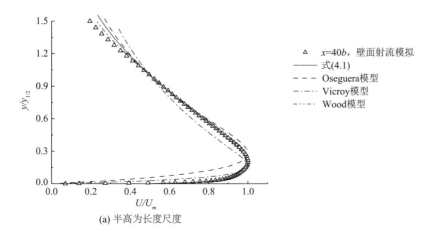

(a) 半高为长度尺度

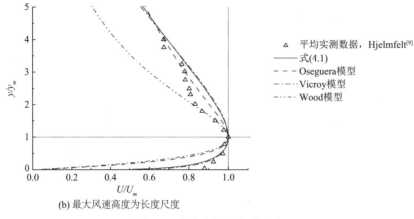

(b) 最大风速高度为长度尺度

图 4.6　几种半经验模型对比

4.4　壁面射流参数影响分析

4.4.1　雷诺数的影响

雷诺数对平面壁面射流半高值的影响如图 4.7 所示。Abrahamsson 等[201]通过试验得到了半高增长与雷诺数有关，但是其试验雷诺数较小。半高值与顺流向距离呈线性关系，当雷诺数从 20000 增加到 100000 时，半高增长斜率从 0.0781 减小到 0.0733。总体而言，数值模拟得到半高增长率的拟合均值为 0.077，当雷诺数较大时，半高斜率的减小速度逐渐趋于缓慢。因此，在较高雷诺数下，特别是在采用壁面射流模拟下击暴流时，雷诺数对平面壁面射流的扩展率的影响已经可以忽略。不同雷诺数时最大风速所在高度如图 4.8 所示。从图 4.8 可以看出，雷

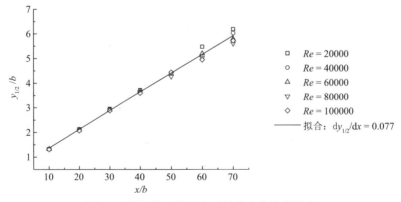

图 4.7　雷诺数对平面壁面射流半高值的影响

诺数对最大风速高度 y_m 的影响并不大，不同雷诺数时 y_m 与顺流向距离基本呈线性关系，这也是 y_m 通常不会作为衡量壁面射流扩展率参数的原因。Zhou 等[66]通过试验得到了线性增长斜率为 0.0114，而本节数值模拟结果的线性增长斜率为 0.0133，略大于试验值。

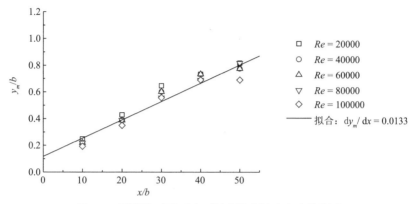

图 4.8　雷诺数对平面壁面射流最大风速高度的影响

雷诺数对顺流向最大风速衰减的影响如图 4.9 所示。可以看出，雷诺数对顺流向最大风速衰减基本没有影响，平面壁面射流最大风速的衰减与冲击射流的壁面射流段发展规律基本一致，因此为了便于对比分析，对平面壁面射流风速衰减进行拟合，可以得到与冲击射流形式相同的表达式如下：

$$\frac{U_m}{U_j} = \exp\left(1.281 - \frac{1.669}{\frac{x}{b}} - 0.500\ln\left(\frac{x}{b}\right)\right) \tag{4.2}$$

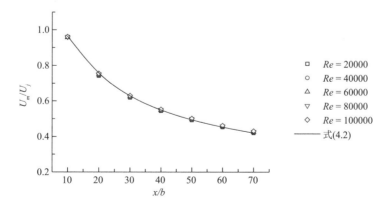

图 4.9　平面壁面射流最大风速沿顺流向变化规律

平面壁面射流最大风速衰减与顺流向距离关系通常还可以用式(4.3)表示[202]，即$(U_j/U_m)^2$ 与 $x–x_0/b$ 呈线性关系，其中 x_0 为壁面射流的有效原点，定义为 $U_j/U_m=1$ 的位置。雷诺数对平面壁面射流顺流向最大速度衰减的影响如图 4.10 所示。不同雷诺数时，壁面射流有效原点位置基本一致，随着雷诺数的增加，最大风速衰减变慢，并且雷诺数越大，雷诺数对最大速度衰减的影响越小，即当雷诺数足够大时，雷诺数对最大风速衰减的影响基本可以忽略。当雷诺数从 5000 增大到 100000 时，最大风速衰减参数 A_2 从 0.086 减小到 0.072。尤其是在雷诺数大于 60000 后，最大风速衰减参数 A_2 从 0.0736 减小到 0.072，相差约 2.2%。

$$\left(\frac{U_j}{U_m}\right)^2 = A_2\left(\frac{x - x_0}{b}\right) + 1 \tag{4.3}$$

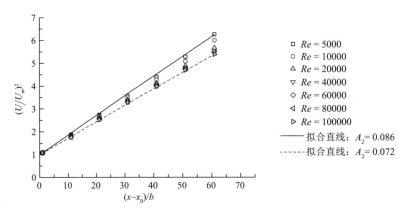

图 4.10　雷诺数对平面壁面射流顺流向最大速度衰减的影响

4.4.2　协同流的影响

在许多实际情况中，壁面射流常常伴随协同流的存在，并且在数值模拟中，需要加入协同流来提供射流卷吸，从上述分析可以看出，当雷诺数大于 60000 之后，壁面射流的扩展率和最大风速衰减受雷诺数的影响已经很小，故在进行协同流分析时，采用雷诺数为 60000。不同风速比时 $y_{1/2}$ 与顺流向距离的关系如图 4.11 所示，定义 $A_1= \mathrm{d}y_{1/2}/\mathrm{d}x$。可以看出，扩展率 A_1 随着风速比的增大而减小，而对参数 B_1 的影响不大，参数 B_1 表示壁面射流喷口附近的虚拟半高值，这说明协同流对壁面射流的初始发展阶段($x < 5b$)影响不大，因此在采用有协同流壁面射流模拟下击暴流风场时，应该重点考虑壁面射流的完全发展阶段，这样才能合理利用协同流对下击暴流的移动效应进行模拟。同时，与 Eriksson 等[67] 的典型无协同流壁面射流试验进行对比发现，β_p =0.1 时半高的扩展率与试验结

果非常接近，但是截距有一定差异，这是由试验与数值模拟的入口条件以及试验流体的不同导致的。图 4.12 为不同风速比时最大风速所在高度，可以看出，风速比对最大风速所在高度 y_m 的影响非常小，这与 Zhou 等[66]试验得到的试验结论一致，由于试验中射流出口的速度剖面形状不能达到完全均匀，而数值模拟采用的入流平均剖面是完全均匀的，因此与数值模拟的 y_m 的顺流向上的发展略有差异。

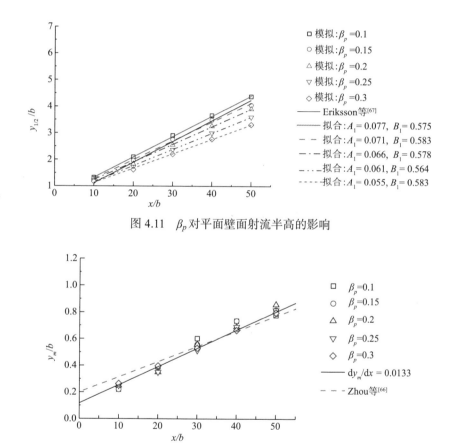

图 4.11　β_p 对平面壁面射流半高的影响

图 4.12　β_p 对平面壁面射流 y_m 的影响

不同风速比顺流向最大风速衰减如图 4.13 所示。不同风速比时，壁面射流有效原点位置基本一致，随着风速比的增加，最大风速衰减变慢，即下击暴流平移风速越快，其水平风速的衰减越慢。

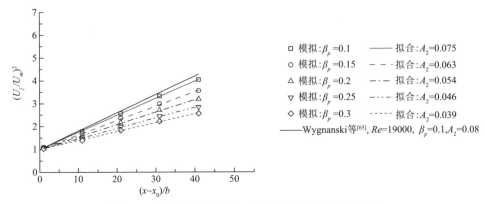

图 4.13　风速比对平面壁面射流最大风速衰减的影响

由上述分析可以看出，当雷诺数较大时，其影响已基本可以忽略。风速比对平面壁面射流的发展有较大的影响，壁面射流扩展率 A_1 以及最大风速衰减参数 A_2 与风速比 β_p 的关系如图 4.14 所示，与壁面射流风洞试验结果相比，数值模拟结果在 $x/b<60$ 区域基本吻合，这是因为计算机水平的限制，在数值模拟时计算域的尺寸也受到极大的限制，目前为止文献模拟的最大顺流向距离约为 50 倍射流高度[84,86]，而本研究分析数据也仅为 $x<50b$ 区域。基于数值模拟结果，扩展率 A_1 与风速比 β_p 基本呈线性关系，而最大风速衰减参数 A_2 随着风速比的增大而呈指数递减关系，如式(4.4)和式(4.5)所示：

$$A_1=-0.108\beta_p+0.088 \tag{4.4}$$

$$A_2=-0.1\exp\left(-3.245\beta_p\right) \tag{4.5}$$

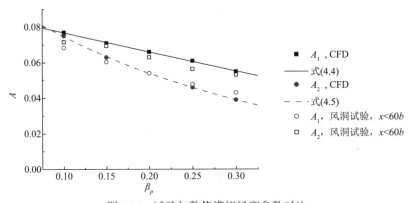

图 4.14　试验与数值模拟尺度参数对比

因此，采用带协同流壁面射流模拟下击暴流出流段风场时，雷诺数的影响可以忽略，在顺流向距离 $x<60b$ 区域，其 $y_{1/2}$ 发展规律可以采用式(4.6)表示，最大风速衰减 $(U_j/U_m)^2$ 规律可以用式(4.7)表示：

$$\frac{y_{1/2}}{b} = (-0.108\beta_p + 0.0876) \times (x/b) + C_1 \tag{4.6}$$

$$\left(\frac{U_j}{U_m}\right)^2 = 0.1\mathrm{e}^{-3.245\beta_p}\left(\frac{x}{b}\right) + 1 \tag{4.7}$$

4.5　冲击射流参数影响分析

4.5.1　出流高度的影响

不同出流高度对冲击射流半高的影响如图 4.15 所示。总体而言，随着出流高度的增大，冲击射流的冲击区逐渐减小，壁面射流区域逐渐靠近冲击点，半高值随着出流高度的增大而增大，而出流高度对冲击射流中壁面射流段半高扩展率影响不大。同时，出流高度对冲击射流扩展的影响是阶段性的，当 H/D 从 2 增加到 3 以及从 5 增加到 6 时，冲击射流半高值都有较大的增加；而出流高度 H/D 小于 2 以及 $3<H/D<5$ 时，半高变化不大，出流高度对半高的影响较小。出流高度对冲击射流半高大小的影响并不是呈线性增长的。

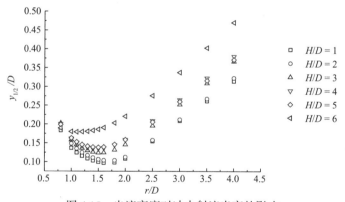

图 4.15　出流高度对冲击射流半高的影响

出流高度对冲击射流最大风速衰减的影响如图 4.16 所示。可以看出，随着出流高度的增加，最大风速出现的径向位置更靠近冲击点，最大风速变小，这是由出流高度越高，自由射流阶段的速度耗散率就越大所致。随着径向距离的增加，不同出流高度时最大风速逐渐接近。而出流高度对最大风速衰减的影响也呈现出阶段性特征。根据 Hjelmfelt[9]统计的大量下击暴流事件可知，下击暴流出流直径的平均值为 1800m，云底离地面的高度平均值为 2700m，下击暴流出流高度与直径之比在 1～2。而在壁面射流阶段，当冲击射流高度为 1D 和 2D 时，其最大径向速度基本相同。因此可以认为该范围内出流高度对下击暴流风场模拟的影响可以忽略，所以在采用冲击射流对下击暴流进行模拟研究时，广泛采取出流高度 H 为 2 倍出流直径。

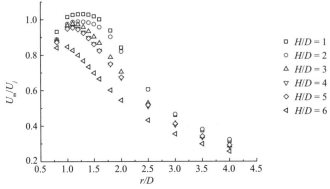

图 4.16　出流高度对冲击射流最大风速衰减的影响

4.5.2　雷诺数的影响

不同雷诺数下冲击射流半高的变化如图 4.17 所示，由上述分析取出流高度为 $2D$ 进行研究。出流雷诺数对冲击射流半高值影响不大，并没有明显的规律，可以认为是与雷诺数无关的。Sengupta 等[40]通过试验得到了冲击射流的半高发展拟合公式，通过对该公式参数的修正，可以得到与数值模拟结果吻合较好的拟合方程，如式(4.8)所示。数值模拟结果在 $r<3.5D$ 区域内与试验结果非常接近，而当 $r>3.5D$ 后数值模拟结果开始略大于试验结果。大量冲击射流的试验表明，冲击射流壁面射流阶段半高的发展与径向距离呈线性关系。当 $H=2D$ 时，Cooper[219]等通过试验得到的扩展率为 0.073，而 Knowles 等[220]得到的扩展率为 0.091，本节数值模拟得到的扩展率为 0.095，略大于试验值，如图 4.18 所示。

$$\frac{y_{1/2}}{D} = -0.1771+0.1252\frac{r}{D}+0.9418\exp\left(-1.532\frac{r}{D}\right) \tag{4.8}$$

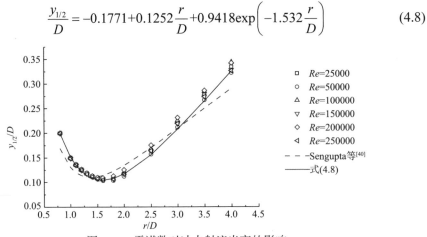

图 4.17　雷诺数对冲击射流半高的影响

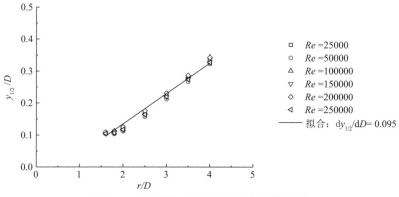

图 4.18 雷诺数对冲击射流扩展率的影响

雷诺数对冲击射流最大风速衰减的影响如图 4.19 所示。图中表明雷诺数对冲击射流最大风速衰减的影响基本可以忽略。对数值模拟结果进行拟合，结果如式(4.9)所示，同时与可用文献试验数据进行对比发现，几组试验数据得到的结果并不是非常一致，数值模拟结果与 Xu 等[32]的结果较为吻合。而 Sengupta 等[40]与邹鑫等[22]的结果在冲击区域较为接近，最大风速明显大于数值模拟结果，并且最大风速位置更靠近冲击点，但是在壁面射流区域有较大的差异。

$$\frac{U_m}{U_j} = \exp\left(2.617 - \frac{2.637}{\dfrac{r}{D}} - 2.27\ln\left(\frac{r}{D}\right) \right) \tag{4.9}$$

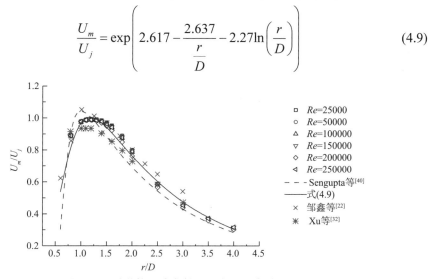

图 4.19 雷诺数对冲击射流最大风速衰减的影响

4.6 下击暴流竖向平均风剖面二维性假设验证

大量实测数据以及数值模拟结果表明[221]，下击暴流最大风速高度主要出现在 0.02D～0.05D 范围内，若取最大风速高度为 0.03D，这与冲击射流模型 r=1.5D 处的最大风速位置 0.03D 也非常一致。而从上述分析可以得出，当雷诺数达到一个临界值后，即 Re>60000，平面壁面射流最大风速高度受雷诺数和风速比的影响都非常小。因此，当采用平面壁面射流来模拟下击暴流出流段时，雷诺数的影响已经可以忽略，可以得到壁面射流模型的等效下击暴流直径为

$$D_{equ} = \frac{Y_m}{0.03} = \frac{0.0133x + 0.131b}{0.03} \tag{4.10}$$

以本节研究为例，b=0.03m，可以得到顺流向距离为 x=30b(0.9m)处的等效直径为 0.53m，通过与实际下击暴流进行对比，就可以得到壁面射流模型的几何缩尺比。同时，根据试验位置采用的速度缩尺比，通过式(4.7)就可以设置射流入口的风速来得到试验位置所需要的最大风速，从而实现了壁面射流对下击暴流出流段风场的模拟。对于壁面射流模型的任意顺流向位置，可以通过计算出其等效下击暴流直径来得到该位置的几何缩尺比，再根据速度缩尺比得到时间缩尺比，最后求得该位置的特征时间 $T_{0.5Up}$。由于下击暴流突发性强，并且作用时间短，空间尺度小，很难对下击暴流进行有效的实测研究，目前只有少量的下击暴流实测资料。实际下击暴流记录表明，下击暴流都具有一个先增加到最大值再逐渐衰减的过程，Chen 等[130]定义其为三角形脉冲风速，并且在达到峰值风速之前的风向是基本不变的，因此壁面射流模型是完全可以模拟得到下击暴流的最大强度的。定义径向位置的特征时间为冲击射流冲击地面后，风速增大到最大风速至衰减到最大风速一半所需的时间为该位置特征时间($T_{0.5Up}$)[44]。

根据本节数值模拟以及相关试验结果，可以得到平面壁面射流扩展率约为冲击射流壁面射流段的 80%。而平面壁面射流与冲击射流的最大风速衰减也可以采用相同形式的公式进行表示，仅仅是由于度量尺度的不同而导致参数不相同。Damatty 采用非线性单元研究了自立塔和拉线塔在下击暴流作用下的力学性能和破坏模式，发现当径向风速与输电线夹角为 30°时，输电塔线体系最容易遭到破坏。因此，以跨度 200m 的输电线路段为例，在出流直径 1000m 的下击暴流作用下，若出流速度为 50m/s，其最大风速出现的径向位置为 1D～1.5D，当输电塔线位于径向 1500m(1.5D)位置处且与径向风速夹角为 30°时，其径向距离为 100m，如图 4.20 所示。按照得到的冲击射流发展规律，即式(4.8)和式(4.9)，可求得 A 点速度为 47.02m/s，B 点速度为 45.33m/s，可以求出下击暴流风场的最大风速衰减 1.69m/s，扩散高度为 7.71m。当采用平面壁面射流模型进行计算时，假设输电塔线体系的位置位于 30b 处，通过式(4.10)可以得到相应的壁面射流高度 b 为 56m，取风速比为 0.1。为了便于与冲击射流风场进行对比，当出流速度为 75.6m/s 时，根据得到的壁面射流风场的发展规律，即式(4.6)及式(4.7)，

可以得到 A 点速度为 47.01m/s，半高为 161.56m，而此条件下 B 点速度为 45.80m/s，半高为 169.26m，从而求得最大风速衰减为 1.21m/s，顺流向的扩散高度为 7.70m。平面壁面射流与冲击射流出流段相比，在扩展率上基本没有误差，而最大风速衰减相差 0.48m/s，仅为最大风速的 1%。因此，在常规的输电塔线体系跨度范围内，平面壁面射流与冲击射流在模拟下击暴流出流段顺风向的误差基本可以忽略。同时，Lin 等[43]对理想下击暴流出流段的二维性假设进行了验证，表明平面壁面射流与径向冲击射流在横风向的误差是完全可以忽略的。

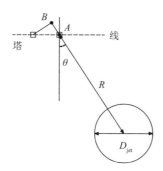

图 4.20　输电塔和下击暴流的水平布置

4.7　本 章 小 结

本章基于冲击射流和平面壁面射流模型模拟下击暴流风场的出流段，采用 CFD 方法分析了不同参数对其风场发展的影响，得到以下结论：

(1) 分析了冲击射流参数对流场规律的影响。出流高度越大，冲击射流冲击区域越小，出流高度对冲击射流半高以及最大风速的影响是阶段性的，在下击暴流的特征出流高度范围内，可以忽略出流高度对下击暴流的影响；而雷诺数对冲击射流的影响不大。

(2) 分析了平面壁面射流参数对流场规律的影响。在低雷诺数下，平面壁面射流的半高与最大风速衰减都有一定的依赖性，而当出流雷诺数大于 60000 时，采用平面壁面射流模拟下击暴流出流段可以忽略雷诺数的影响。协同流对平面壁面射流有较大的影响，随着风速比的增大，半高值逐渐减小，而最大风速的衰减逐渐变缓。

(3) 在常规输电塔线体系跨度范围内，采用平面壁面射流模拟下击暴流出流段在顺风向与冲击射流模型的误差基本可以忽略。

第5章 不同粗糙地貌条件下壁面射流风洞试验研究

下击暴流的发生具有较大的随机性，对于不同粗糙地貌时下击暴流风场特性，以往的试验或者数值模拟研究较少，本章引入传统大气边界层中衡量地面粗糙度的方法，通过布置不同形状和排列方式的粗糙元来达到模拟四种不同粗糙度的目的，以此进行考虑不同粗糙地貌的下击暴流中壁面射流段风场特性。

5.1 风场试验工况

为了研究不同粗糙度地貌时下击暴流出流段的风场特性，本章采用不同尺寸的立方体粗糙元来模拟地面粗糙度。表面粗糙度类别的布置和确认采用Lettau[104]提出的粗糙元与地面粗糙度关系的统计经验公式，如式(5.1)所示：

$$z_0 = 0.5h\frac{A_r}{A_t} \tag{5.1}$$

式中，h 为立方体粗糙元的高度；A_r 为单个粗糙元的迎风面积，即阻风面的大小；A_t 为单个粗糙元的平均占地面积，该参数反映了粗糙元的密度。

各个地貌的粗糙度取值参考欧洲规范 1 关于地面粗糙度 z_0 的规定，粗糙元的布置如表 5.1 所示。

表 5.1　欧洲规范 1

地表分类	粗糙元尺寸/mm	间距/mm	z_0	α
I 类地貌	5	80	0.01	0.12
II 类地貌	10	100	0.05	0.16
III 类地貌	15	75	0.3	0.22
IV 类地貌	25	90	1	0.30

本章试验分别选用边长为 5mm、10mm、15mm、25mm 的正立方体模拟 I 、II 、III 、IV 类不同地貌，光滑地貌不铺设粗糙元。粗糙元的布置范围为顺流向距离喷口 3.6m 区域，图 5.1 为不同地貌的粗糙元布置图。

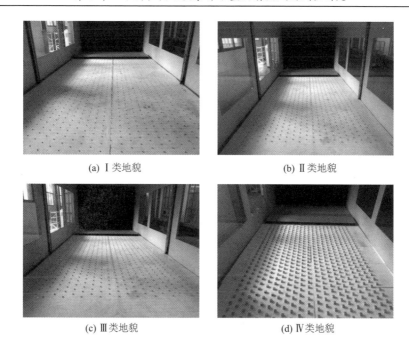

(a) Ⅰ类地貌　　　　　　　　　　　　(b) Ⅱ类地貌

(c) Ⅲ类地貌　　　　　　　　　　　　(d) Ⅳ类地貌

图 5.1　模拟不同地貌的粗糙元及其排列方式

射流喷口速度设置为 30m/s。在喷口位置，高度为 30mm 处，沿水平向测量 5 次。平均风速分别为 31.41m/s、31.36m/s、30.83m/s、31.41m/s、31.56m/s，喷口处风速沿水平方向分布均匀，确定入口处风速 U_j=31.40m/s，最大不确定度为 1.8%。

考虑壁面射流在不同地貌下的发展，顺流向测量位置分布为 $10b$、$20b$、$40b$、$60b$，其中 b 为射流喷口高度。由于壁面射流风剖面沿高度为先增大后减小，测点沿高度分布为下密上疏，测量范围为 5～700mm。射流风速设置为 30m/s，采样频率为 1250Hz，采样时间为 20.2s，每个测点采样 25088 步，开启风机，待风机稳定后采集数据。

5.2　考虑粗糙度的壁面射流风场试验结果

5.2.1　平均风速和湍流特征

不同地貌下，壁面射流顺流向不同位置平均速度剖面如图 5.2 所示。由图可以看出，在高度测量范围内，能完整地绘出壁面射流的风剖面形状。对比不同位置的风剖面，发现以下规律：随着粗糙度 z_0 的增大，最大风速 U_m 减小，最大风速所在高度 y_m 升高。此现象随着顺流向的发展越来越明显，原因为随着顺流向的发展，壁面射流所受粗糙地面的影响增大。

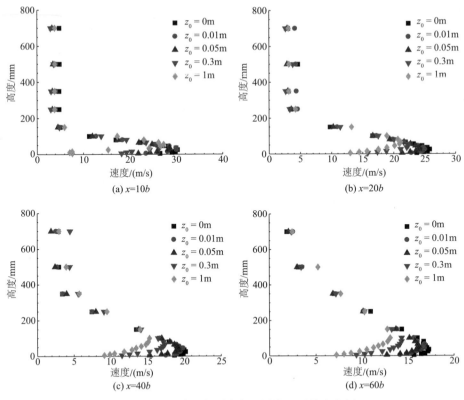

图 5.2　不同地貌下各顺流向不同位置平均速度剖面

　　湍流度是风速的脉动速度均方根与平均风速的比值，它反映了脉动风速的相对强度，是描述湍流运动的一个重要特征量。壁面射流风洞试验的湍流度剖面如图 5.3 所示。湍流度剖面呈现出明显的双峰特征，即内层峰值与外层峰值，并且随着顺流向距离的增大，两个峰值均有上升的趋势。粗糙度会增大内层的湍流度，而会减小外层的湍流度。

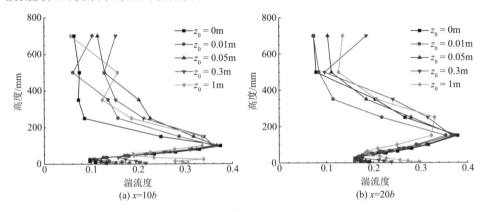

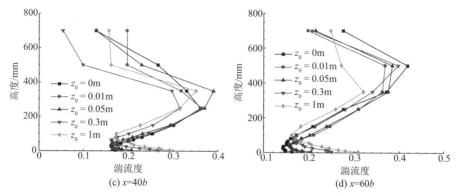

图 5.3　不同粗糙面下各顺流向位置处湍流度剖面

　　不同粗糙面下不同顺流向位置处的雷诺应力如图 5.4 所示，大量的研究表明雷诺应力同样会有两个峰值，而且和壁面射流的湍流度一样为内层峰值和外层峰值。内层峰值位于近壁面区域，外层峰值位于自由剪切区域。由图可以看出，本次试验所得到的雷诺正应力数据符合壁面射流的雷诺正应力分布。而且随着顺流向的发展，粗糙度对雷诺正应力的分布影响也更加明显。

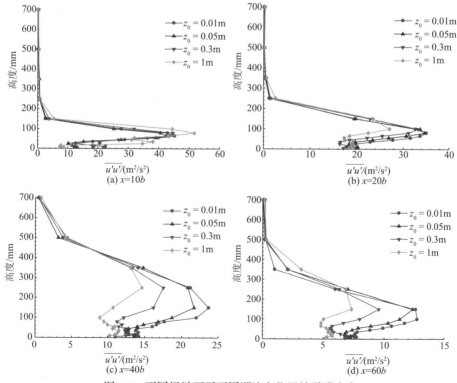

图 5.4　不同粗糙面下不同顺流向位置处雷诺应力

5.2.2　不同粗糙元布置时壁面射流特征分析

1. 无量纲平均风速剖面

Launder 等[76]研究表明,不同试验的壁面射流经过外部尺度无量纲化后风剖面几乎是一致的。本小节选用 Eriksson 等[67]的试验数据作为典型光滑壁面射流试验结果进行对比验证。图 5.5 对比了光滑和不同粗糙度下的壁面射流平均风速剖面。其中光滑的壁面射流数据与 Eriksson 等[67]的数据吻合得较好,不同粗糙度下平均风速剖面趋势与 Rostamy 等[71]的结论一致。

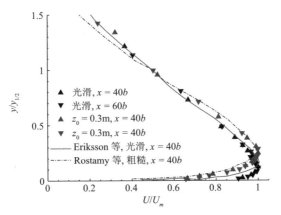

图 5.5　不同粗糙度下与试验结果对比

George 等[200]利用外部尺度对 Wygnanski 等[65]、Eriksson 等[67]和 Abrahamsson等[201]的数据进行了无量纲化处理,发现在 $0.2 \leqslant y/y_{1/2} \leqslant 1.3$ 的区域内,其数据吻合良好。利用外部尺度对不同粗糙度下的壁面射流风速剖面进行无量纲化处理,为减小入口雷诺数对结果的影响,本小节对比相同出流速度下的平均风速剖面。

图 5.6 为在外部尺度光滑壁面下不同顺流向位置处的无量纲平均风速剖面,所有平均风速剖面都包括相同的一个点,即横坐标 $U/U_m = 0.5$,纵坐标 $y/y_{1/2} = 1$。在 $x = 40b$ 处之前,壁面射流尚未达到完全发展,因此出现偏差。在 $x = 40b$处达到完全发展后,与后续 $x = 60b$ 处平均风速剖面吻合较好。

图 5.7 为不同位置处在粗糙壁面上的无量纲风速剖面。对比相同位置处的风速剖面发现,粗糙度会显著增大最大风速高度 y_m 从而使内层的厚度增大。不同粗糙度下的外层风速剖面,在经过横坐标 $U/U_m = 0.5$,纵坐标 $y/y_{1/2} = 1$ 后,也出现偏差,这说明粗糙度的改变也会导致外层风速剖面的改变。这与 Tachie 等[69]、Rostamy 等[71]和 Tang[73]得出的结论相同。

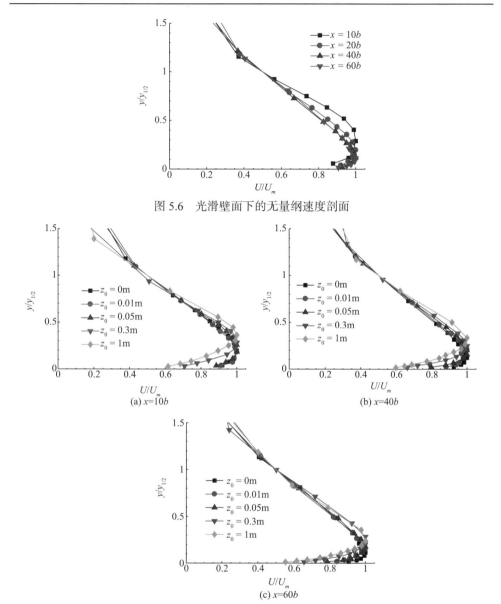

图 5.6　光滑壁面下的无量纲速度剖面

(a) x=10b

(b) x=40b

(c) x=60b

图 5.7　不同位置处粗糙壁面下的无量纲风速剖面

2. 扩展率

Rostamy 等[71]进行了光滑与粗糙壁面射流试验，得到光滑壁面下 $\mathrm{d}y_{1/2}/\mathrm{d}x$ 的结果为 0.0791，粗糙壁面下的结果为 0.0806，并且 Rostamy 等认为粗糙度对扩展率几乎没有影响。同样，Tachie 等[69]得出的结论为，对于光滑与粗糙的壁面，$\mathrm{d}y_{1/2}/\mathrm{d}x$ 的值均为 0.085。由于 Rostamy 等[71]和 Tachie 等[69]进行的试验只考虑了一种粗糙度，而且粗糙度较小，由此认为粗糙度对扩展率无影响的结论是不严谨的。本小节进行的试验考虑了多种粗糙度，可以探究不同的粗糙度对壁面射流扩展率的影响。不同粗糙度下半高与顺流向距离关系的发展规律如图 5.8 所示。

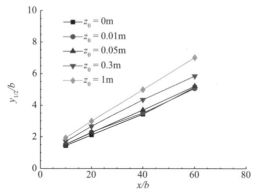

图 5.8　半高随顺流向发展规律

通过线性拟合，得出不同粗糙度下壁面射流扩展率如表 5.2 所示。

表 5.2　不同粗糙度下壁面射流扩展率

粗糙度 z_0	光滑	0.01m	0.05m	0.3m	1m
扩展率	0.0732	0.0736	0.0744	0.0839	0.0990

由表 5.2 可以看出，本小节在光滑壁面下得到的扩展率的数据符合 Launder 等[202]提出的范围 $dy_{1/2}/dx = 0.073 \pm 0.002$，而且可以看出粗糙度对壁面射流扩展率有较明显的增大效果，且近似为直线关系。图 5.9 为扩展率与壁面粗糙度 z_0 的关系。由图可以看出，壁面射流的扩展率随着粗糙度的增大近似线性增大，但如果要获得两者的具体关系还需细化粗糙度的梯度。

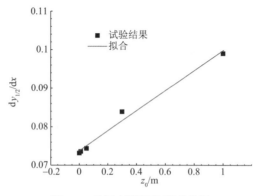

图 5.9　扩展率随粗糙度变化图

3. 最大速度衰减

图 5.10 为本小节所得到的不同粗糙面下的速度峰值衰减规律。由图可以看出，平均风速剖面的速度峰值随着顺流向距离的增大而减小，并且 $(U_j/U_m)^2$ 与 x/b 呈线性关系。表 5.3 为不同粗糙度下 $(U_j/U_m)^2$ 与 x/b 的拟合直线斜率。由表可知，在光滑壁面下，本节拟合直线斜率为 0.04534，低于 George 等[200]提出的变化范围。考虑到本试验雷诺数为 120000，远远超出 10000～20000 的范围，根据 George 等总结的试验数据来看，雷诺数增大会使最大风速的衰减率呈减小的趋势，因此本试验结果理论上是可以接受的。随着粗糙度的增大，$(U_j/U_m)^2$ 与 x/b 的拟合直线斜率也在增大，表明粗糙度加快了最大风速的衰减。

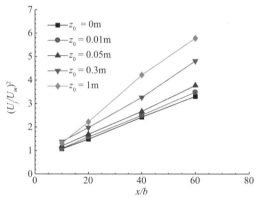

图 5.10　最大风速有关量 $(U_j/U_m)^2$ 随顺流向距离的变化

表 5.3　不同粗糙度下 $(U_j/U_m)^2$ 与 x/b 的拟合直线斜率

粗糙度 z_0	光滑	0.01m	0.05m	0.3m	1m
拟合直线斜率	0.04534	0.04721	0.05177	0.06822	0.0919

4. 最大风速所在高度变化

Tachie 等[69]和 Tang[73]研究发现，可以利用式(5.2)所示的指数关系来描述粗糙壁面时最大风速所在高度 y_m 和顺流向距离 x 的关系：

$$\frac{y_m}{b} = A_{y_m}\left(\frac{x}{b}\right)^{\alpha} \tag{5.2}$$

其中，A_{y_m} 为最大风速高度的线性拟合系数。

Tang 研究发现，对于光滑壁面，入口雷诺数的增大使 A_{y_m} 的值增大了 17%，使指数 α 的值减小了 6%。而对于粗糙壁面，同样程度的雷诺数增大使 A_{y_m} 的值减小了 59%，使指数 α 的值增加了 19%，由此可以看出，对于光滑壁面和粗糙壁面，雷诺数对该指数关系的影响是不同的。之后 Tang 对比了粗糙度对该指数关系的影响发现，在较低的雷诺数下，粗糙壁面使 A_{y_m} 的值减小了 24%，使 α 的值增大了 19%。而在较高雷诺数下，粗糙度使 A_{y_m} 的值减小了 74%，使 α 的值增大了 52%。这说明粗糙壁面对 y_m 的发展有很大的影响，尤其是在高雷诺数下。

表 5.4 为不同粗糙度下 A_{y_m} 与 α 的值。由表可发现，除了在粗糙度 $z_0 = 1$m 时 A_{y_m} 较光滑粗糙面增大之外，其他粗糙度下的 A_{y_m} 值均有减小，但减小程度并未有明显趋势。而 α 均有不同程度的增大。

表 5.4　不同粗糙度下 A_{y_m} 与 α 的值

z_0	A_{y_m}	α
光滑	0.2761	0.1599
0.01m	0.2036	0.3030
0.05m	0.2751	0.2584
0.3m	0.2599	0.4085
1m	0.3519	0.4051

5. U_m 和 $y_{1/2}$ 的关系

本小节在不同粗糙度下，得到最大速度与半高之间的对数关系如图 5.11 所示。由于本小节进行的试验入口雷诺数很大，能与本小节对比的文献数据较少。在不同粗糙度下，式(3.29)中 B_0 的值如表 5.5 所示。

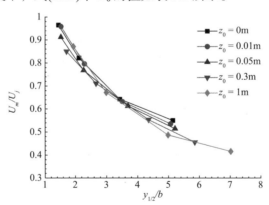

图 5.11　最大速度与射流半高之间的对数关系

表 5.5　不同粗糙度下的 B_0 值

粗糙度 z_0	光滑	0.01m	0.05m	0.3m	1m
B_0	1.05017	1.12433	1.11778	1.05227	1.32358

采用不同的工况下，式(3.30)中的 B_1 与 n 的值如表 5.6 所示。Tachie 等[69]在光滑壁面与粗糙壁面下得到了相同的 n 值，并且他们发现最大速度 U_m 和 $y_{1/2}$ 的值与雷诺数是无关的。Rostamy 等[71]在光滑壁面与粗糙壁面下得到的 n 值大约有 7%的偏差。通过本小节数据可以发现，对比本小节中光滑壁面与最粗糙壁面的 n 值，发现粗糙壁面使 n 增大了 10%。对比 B_1 值发现，粗糙度使 B_1 值显著增大，而本小节所得到的光滑壁面条件下 B_1 值较 George 等[200]、Rostamy 等[71]和 Tachie 等[69]的数据来说，结果普遍偏小，由此可以发现，雷诺数对 B_1 值有较大的影响。

表 5.6　U_m 和 $y_{1/2}$ 的关系系数表

作者	粗糙度	入口雷诺数	B_1	n
本小节数据	光滑	120000	1.337	−0.525
	0.01m	120000	1.334	−0.525
	0.05m	120000	1.385	−0.551
	0.3m	120000	1.883	−0.573
	1m	120000	2.156	−0.581
George 等	光滑	10000	1.85	−0.528
Rostamy 等	光滑	7500	2.16	−0.532
	粗糙	7500	4.35	−0.57
Tachie 等	粗糙/光滑	5900～12500	1.85	−0.522

6. 雷诺应力

图 5.12 为 $x=40b$ 和 $x=60b$ 处不同粗糙度下的雷诺正应力(无量纲，下同)，通过对比发现，粗糙度对内层雷诺正应力影响较大，而对外层的雷诺正应力几乎无影响。在内层，粗糙度会减小雷诺正应力峰值，但会增大峰值对应的竖向距离。

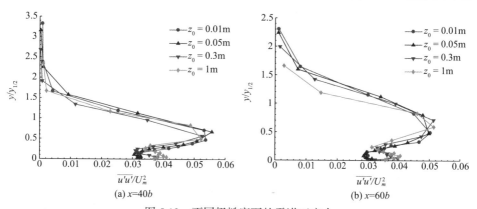

图 5.12　不同粗糙度下的雷诺正应力

7. 壁面射流的发展

Schneider 等[212]的试验数据表明，壁面射流的 y_m 与 $y_{1/2}$ 的比值在 0.13～0.17 范围内。在壁面射流发展稳定后，y_m 与 $y_{1/2}$ 的比值会趋于稳定。Smith[70]发现在相同条件下，粗糙壁面需要更长的发展距离才能达到完全发展。Tang 通过对比发现在粗糙壁面下，壁面射流在 $x/b=70$ 的位置会达到完全发展的阶段。图 5.13 为本小节得出的不同粗糙度下壁面射流发展过程 y_m 与 $y_{1/2}$ 的比值，通过数值模拟对 $x/b = 70$ 处的数据进行补充。由图可以看出，在粗糙度较低时，y_m 与 $y_{1/2}$ 的比值在 $40 \leqslant x/b \leqslant 60$ 就趋于稳定，在粗糙度 $z_0 = 0.3$m 时，y_m 与 $y_{1/2}$ 的比值在 $x = 60b$ 时会趋于稳定，而在粗糙度 $z_0 = 1$m 时，y_m 与 $y_{1/2}$ 的比值在图中并未达到稳定。由此可初步推断，随着粗糙度的增加，壁面射流会需要更长的发展距离才能达到完全发展的阶段，同时粗糙度对 y_m 与 $y_{1/2}$ 的比值有明显的影响。而粗糙度 z_0 对壁面射流达到完全发展所需要的距离的具体影响则需要进一步详细的数据探究。

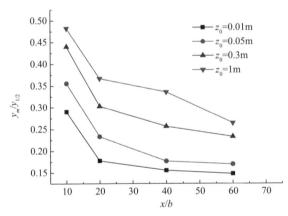

图 5.13　不同粗糙度下 $y_m/y_{1/2}$ 的随顺流向发展规律

本节主要探究了粗糙度对壁面射流达到完全发展阶段的影响。通过对比发现，在壁面射流达到完全发展时，y_m 与 $y_{1/2}$ 的比值会成为一个常数，因此可以通过观察 y_m 与 $y_{1/2}$ 的比值来判定壁面射流是否达到了完全发展。分析本节的数据得出结论如下：

(1) 在高雷诺数下，光滑壁面下的壁面射流在 $x = 40b$ 处便已达到完全发展，与低雷诺数下的壁面射流所需要的发展距离几乎相同。

(2) 不同的粗糙度对壁面射流达到完全发展所需要的距离的影响是不相同的，随着粗糙度的增大，壁面射流所需要的发展距离也会增大。

5.3　本　章　小　结

本章通过风洞试验,研究了不同粗糙地貌条件下壁面射流的风场特性,得到以下结论:

(1) 分析试验结果发现,在较高雷诺数的风洞试验下,壁面射流依旧保持着自身的发展趋势,随着顺流向位置的增大,壁面射流最大风速不断衰减,最大风速高度不断提高。

(2) 粗糙元有明显的阻风效果,随着粗糙度的不断增大,同一顺流向位置处的最大风速不断减小,而也是由于粗糙元的阻风效果,同一顺流向位置处的最大风速所在高度也在不断增大,从而导致壁面射流的风速剖面上移。

(3) 由于粗糙元增大了壁面附近的风场扰动,在壁面射流内层,随着粗糙度的增大,壁面射流内层湍流度也在不断增大,而粗糙度使得壁面射流的平均风速剖面上移,从而内层以上同一高度处湍流度会减小。

(4) 与对湍流度的影响不同,粗糙度会增大壁面射流的雷诺正应力(无量纲),而且增大效果会随着顺流向的发展越来越明显。

第6章 非稳态下击暴流风场特性数值模拟
与试验研究

实际下击暴流是一个非稳态的过程，下击暴流具有较强的突发性，导致实际下击暴流事件的记录较难。到目前为止，数值模拟与试验方法成为研究下击暴流的主要手段。实验室研究下击暴流普遍采用冲击射流的方式，从物理模型的角度而言，冲击射流是模拟下击暴流的逻辑相似模型，然而，由于实验室条件的限制，很难采用冲击射流对下击暴流进行大尺度以及移动下击暴流的试验研究。

本章通过在壁面射流的入口处引入速度函数，实现壁面射流模型对非稳态下击暴流的数值模拟，从而验证壁面射流模型的可行性。基于数值模拟结论，对边界层风洞中的壁面射流装置进行改装，使得壁面射流装置可以产生突变气流，进而实现对下击暴流非稳态风场的试验研究，并且由于忽略了冲击射流的自由射流阶段，能得到较大尺度的下击暴流竖向剖面。本章首先介绍增加了壁面射流装置的边界层风洞，然后分析壁面射流装置产生的下击暴流风场特性。

6.1 非稳态风场数值模拟

由前述章节的分析可以得出采用平面壁面射流模型来模拟下击暴流的理想出流阶段是有效可行的。为了更加真实地模拟出下击暴流的非稳态特性，根据下击暴流风速时程具有三角形脉冲的特征，采用用户自定义函数(user defined function，UDF)技术，在壁面射流的入口处引入三种随时间变化的速度函数对下击暴流进行非稳态模拟，速度入口风速变化函数表达式如下。

函数1：$U_j(t) = U_m \times \sin(0.5t\pi)$, $\quad 0 < t \leq T_{0.5Up}$

函数2：$U_j(t) = \begin{cases} U_m \times t, & 0 < t \leq 0.5T_{0.5Up} \\ -U_m(t - T_{0.5Up}), & 0.5T_{0.5Up} < t \leq T_{0.5Up} \end{cases}$ $\qquad$ (6.1)

函数3：$U_j(t) = \begin{cases} U_m \times t^3, & 0 < t \leq 0.5T_{0.5Up} \\ -U_m \times (t - T_{0.5Up})^3, & 0.5T_{0.5Up} < t \leq T_{0.5Up} \end{cases}$

假设下击暴流的实际出流直径为 500m，可得到 $x=30b$ 处壁面射流的几何缩尺比为 1∶900，本节壁面射流模型所采用的风速缩尺比为 1∶2，则时间缩尺比为 1∶450。微下击暴流的平均生命周期约为 15min，保持较大的水平辐散速度时间 T_m 为 5～10min，入口函数特征时间就可以根据时间缩尺比来决定，即 $T_{0.5\text{Up}}=T_m×$时间缩尺比，本节取 $x=30b$ 处的特征时间为 2s，入口函数变化曲线如图 6.1 所示。

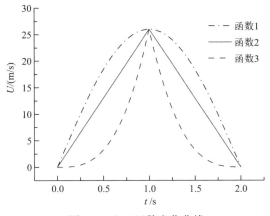

图 6.1　入口函数变化曲线

由于 LES 在瞬态计算中较 RANS 湍流模型具有明显的优势，故采用 LES 对瞬态壁面射流以及静止冲击射流进行计算。LES 要求对流项采用数值耗散较低的有界中心差分(bounded central differencing)格式，扩散项采用二阶迎风(second order implicit)格式，压力采用默认的标准(standard)方法进行离散。计算采用的模型和网格示意图仍然如图 4.1 和图 4.2 所示，但是由于 LES 对网格的要求较高，需对网格进行进一步优化及加密。近壁面第一层网格高度满足无量纲参数 $y^+<1$，冲击射流模型计算网格数量约为 $4×10^6$，壁面射流模型计算网格数量约为 $3.2×10^6$。模拟时间步长取 0.0002s，满足库朗数小于 1，确保求解的稳定性。

壁面射流入口雷诺数 $Re=60000$，即入口风速为 30m/s，湍流度为 1%，协同流入口风速为 3m/s。冲击射流出流直径为 500mm，故几何缩尺比为 1∶1000，采用速度缩尺比为 1∶2，可得时间缩尺比为 1∶500；冲击射流出流雷诺数为 $Re=400000$，即入口风速为 12m/s，湍流度为 1%，

根据相应缩尺比换算冲击射流与壁面射流对应位置的归一化风速时程曲线如图 6.2 所示，并与 RFD(rear-flank downdraft)以及 AAFB 下击暴流实测数据对应位置时程数据进行比较。可以看出，稳态冲击射流得到的速度时程与 AAFB 下击暴流基本吻合，在第一个环形涡到达地面后产生的爆发风速增长过于急促。函数 1 得到的速度时程曲线在最大峰值速度附近较大风速持续时间过长，不太符合下击暴流三角形脉冲的特点，函数 3 在上升阶段与 AAFB 下击暴流实

测数据大致吻合，但是风速在增长时波动较大，而在最大峰值速度过后的衰减段衰减过快；函数 2 不论是在峰值速度前的增长阶段还是随后的速度衰减阶段都与实测数据极为吻合，并且还反映出了第二个速度峰值。因此，在基于壁面射流模型的非下击暴流模拟中，采用入口函数 2 是较为合适的。

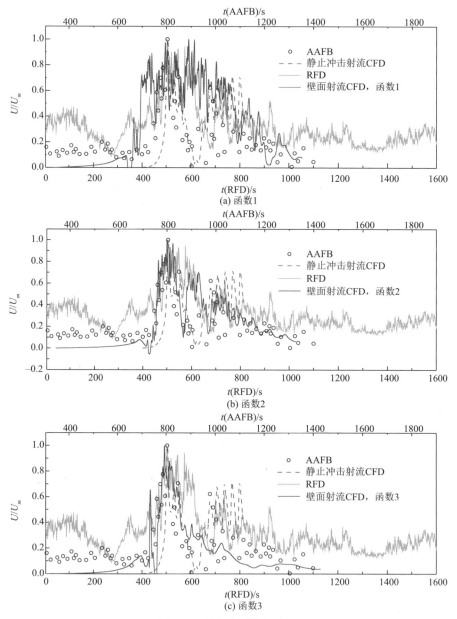

图 6.2　瞬态壁面射流时程

采用瞬态壁面射流进行数值模拟时，在顺流向每隔 1b 的距离布置一个监测位置，而在竖向，根据下击暴流风速剖面的特征，监测位置并不是均匀布置的，在靠近壁面的位置较密，可以记录得到每一个时间步长的风场数据。采用二维假设来模拟理想的下击暴流出流段，忽略了三维径向作用，因此平面壁面射流风场模拟中有三个参数需要考虑，即顺流向距离(x)、竖向高度(Y)以及时间参数(t)。在没有设置监测点的位置，其风场数据可以根据 Shehata 等[53]提出的插值方法来得到特定位置的风速时程数据。

6.2　非稳态风场风洞试验研究

本节基于设计的非稳态壁面射流模拟装置，通过在壁面射流喷口位置安装快开阀门，控制壁面射流的流量大小，实现喷口风速的非线性脉动冲击模拟。快开阀门由伸缩气缸完成，并增加手动节流阀以控制调节气缸运动速度，实现阀门开/闭时间(1~10s 范围内)可调，如图 6.3 所示。

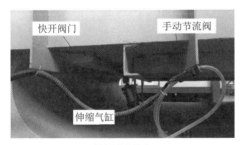

(a) 阀门开启状态　　　　　　　　　　　　　　　(b) 阀门关闭状态

图 6.3　快开阀门装置示意图

6.2.1　试验工况

下击暴流是由于雷暴天气中强下沉气流猛烈冲击地面而形成的，并且从冲击点向四周扩散，从冲击点开始扩散的流场可以看成壁面射流，形成的下击暴流出流段风场具有高度的非平稳特征。大多数下击暴流同时伴随雷暴云层的平动，这种平动导致了在雷暴云前端下击暴流风场速度的增大而形成峰值，随后迅速衰减。下击暴流的这种时变特征与常规边界层稳态风场有着极大的不同，因此对于移动型下击暴流，需要考虑其非稳态风场特性。通过在壁面射流喷口段安装快开阀门，可以形成具有下击暴流风速剖面的突变风场，从而实现时变下击暴流风的试验模拟，如图 6.3 所示。

　　实际上，下击暴流风场中各位置处的风速与距离下击暴流冲击地面点的相对位置、下击暴流雷暴云的平动速度、下沉气流的出流速度及高度、下击暴流的出流强度有关，这些因素同样具有较强的随机性。因此，本节仅通过控制快开阀门的转动速度和转动角度，重点模拟下击暴流的时间变化及竖向风速剖面，并未考虑同一下击暴流事件中不同位置的风速分布特征。

　　通过手动节流阀控制伸缩气缸气压大小，实现对阀门开关时间的调整。瞬态风场采用两个眼镜蛇探头同时进行测量，如图 6.4 所示，测量的竖向位置分别为 30mm、50mm、80mm、120mm、200mm、300mm 和 500mm，其中一个探头固定在 30mm 处，而另外一个探头上下移动。在进行不同高度的风速测量时，数据采集时间并非同步的，因此通过统一最大风速对应的时间点，可以采用固定探头对不同高度的风速进行时间同步，从而更加合理地分析竖向风场特征[222]。

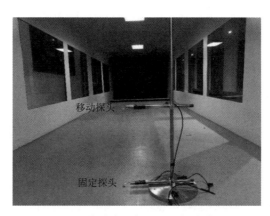

图 6.4　非稳态风场测量的探头布置

　　Holmes 等[24]根据下击暴流产生的原理，采用矢量合成的方法得到了下击暴流经验模型。本节将以此为目标事件进行模拟，从而得到典型的下击暴流风速时程。

6.2.2　试验结果与分析

　　任意高度处下击暴流顺流向的风速可以分解为确定的时变平均分量 $\overline{V}(z,t)$ 和脉动分量 $v'(z,t)$ [27]，其表达式为

$$V(z,t) = \overline{V}(z,t) + v'(z,t) \tag{6.2}$$

其中，时变平均分量随时间连续变化并且能够反映原始风速的变化趋势。Su 等[223]采用不同的方法来研究时变平均风速与脉动风速的分离，建议采用高阶的离散小波变换(discrete wavelet transform，DWT)与总体经验模态分解(ensemble empiral mode decomposition，EEMD)进行时变平均风速的提取，能够较好地反映原始风速的变化趋势。因此，本节将采取高阶 DWT 方法(采用 10 阶小波)进行时变平均风速的分离。考虑阀门的开启时间为 3s，壁面射流出流速度为 33.06m/s，$x=100b$ 处移动探头在不同高度时固定探头的时变平均风速如图 6.5 所示，图例中 30~50mm 表示固定探头所在位置，30~80mm 表示移动探头所在位置。

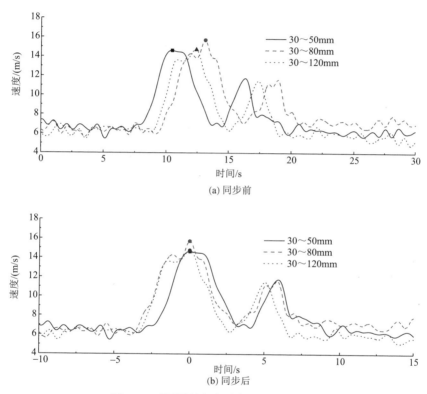

图 6.5 不同测量高度时变平均风速同步

由上述分析可以看出，壁面射流装置及阀门开关产生的出流风速导致每次试验有一定的差异，这主要由电机启动扭矩、制动性能以及手动节流阀中气压大小的不确定性导致。因此，在进行风速测量时，移动探头在每个高度处进行 6 次重复试验，然后挑选较为接近的几组数据中的一组数据作为最终结果。壁面射流出流速度为 33.06m/s、速度比为 0.2 时，$x=100b$ 不同高度处风速时程以及时变平均风速和脉动风速的分离如图 6.6 所示，眼镜蛇探头的采样频率为 512Hz。从图中可以看出，不同高度处的风速时程都呈现出两个峰值的特征，并且随着高度的增加，最大平均风速逐渐减小，说明采用本节方法能够有效地模拟出典型的壁面射流风速，最大时变平均风速竖向剖面如图 6.7 所示，图中阴影部分为 Hjelmfelt[9]统计的实测数据区间。可以看出，竖向剖面表现出了下击暴流典型风剖面的基本特征，与 Hjelmfelt 总结的实测数据较为吻合，但是由于测点较少，并且仅仅是取时变平均风速的最大值，曲线并不是非常平滑。

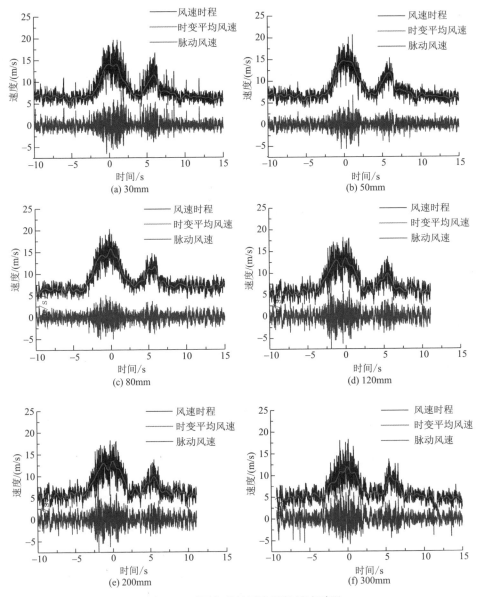

图 6.6　不同高度处同步后的风速时程

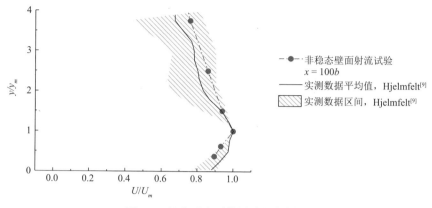

图 6.7　最大时变平均风速竖向剖面

下击暴流的最大风速发生的高度为 $0.02D\sim0.05D$，D 为下击暴流出流直径，从图 2.8 和图 6.7 中可以看出，试验中顺流向 $100b$ 处的最大风速大约发生在 80mm 处，可以估计出该位置处的等效直径为 2.67～1.6m。同时，Abd-Elaal 等通过大量参数分析，估计出了 AAFB 下击暴流的出流直径约为 660m[224]。因此，本壁面射流装置在 $100b$ 处模拟 AAFB 下击暴流的缩尺比为 1：247～1：412。出流速度为 33.06m/s 时最大时变平均风速为 15.7m/s，AAFB 下击暴流的最大瞬时风速约为 66.82m/s，对其进行移动平均之后得到的最大风速为 54.21m/s，如图 6.8 所示，可以得到速度缩尺比为 1：3.67。因此，需要模拟的时间缩尺比为 1：67.30～1：112.26。从图 6.8 可以看出，从风速开始增大到峰值速度所需时间约为 105s，所以，需要阀门的打开时间为 0.94～1.56s。因此，取阀门的打开时间为 1.5s 进行模拟，模拟结果如图 6.9 所示，可以看出，风洞试验结果和实际下击暴流具有较好的吻合度，特别是在第一个峰值处，而在第二个峰值处较实际风场偏大。

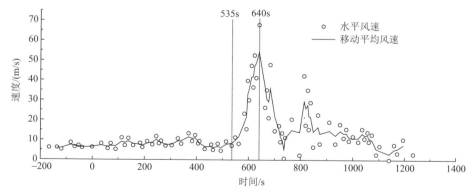

图 6.8　AFB 下击暴流移动平均风速时程[2]

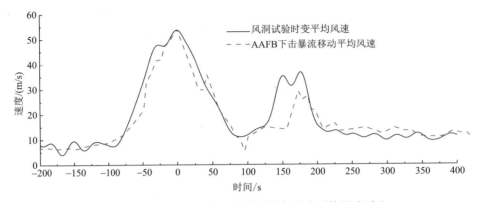

图 6.9 风洞试验与目标下击暴流风场时变平均风速对比

　　由于不同顺流向位置的最大风速高度基本是不变的，通过调节壁面射流的出流风速控制风速缩尺比，根据阀门开启的速度控制时间缩尺比，能够有效得到目标风场的时变风速。

　　顺流向位置 $x=100b$ 处湍流度的竖向剖面如图 6.10 所示，由于缺乏下击暴流的实测湍流度的竖向剖面，本节采用标准《建筑结构荷载规范》(GB 50009—2012)[225]中大气边界层风与试验结果进行对比。由于下击暴流风速的时变特征，对湍流度的计算并没有固定方法，这里湍流度的计算采用第 4 章所述特征时间内脉动风速的均方根值与最大平均风速的比值。

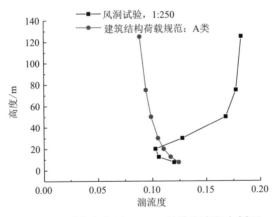

图 6.10 顺流向位置 $x=100b$ 处湍流度竖向剖面

　　从图 6.10 中可以看出，风洞试验在近地面与规范值较为一致，当竖向高度超过最大风速所在高度之后(0.05D，30m)，湍流度迅速增大，这是由于壁面射流风场与边界层风场发生混合，涡的产生与耗散加速，这与稳态壁面射流试验中得到的湍流度剖面非常类似。

风洞试验 80mm 高度处特征时间内脉动风速的功率谱如图 6.11 所示，同时与 von Karman 谱进行对比，根据 Kolmogorov 湍流能谱假设，在惯性子区内，湍流的能量将由最小尺度的涡耗散，这种涡的尺度称为 Kolmogorov 长度尺度，而惯性子区内的湍流能谱满足 "–5/3 定律"。从图中可以看出，在特征时间内的脉动风速功率谱与 30m 处的 von Karman 谱在 5Hz 之后吻合，并且符合 "–5/3 定律"。

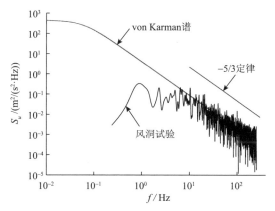

图 6.11　80mm 高度处特征时间脉动风速功率谱

从上述分析可以看出，采用壁面射流装置能够较好地实现下击暴流出流段风场的模拟，主要包括风速竖向剖面以及时变风速时程。对于湍流度，本节仅研究了光滑壁面一种情况，没有考虑粗糙元的设置，因为下击暴流的湍流度缺乏实测资料，无法进行对比研究。总体而言，采用壁面射流装置模拟下击暴流是较为有效的。

6.3　本 章 小 结

本章首先基于平面壁面射流模型模拟下击暴流出流段非稳态风场，进而设计了基于壁面射流的非稳态风场试验装置，在大气边界层风洞中实现了下击暴流出流段非稳态风场试验研究，得到以下结论：

(1) 提出了壁面射流模型中非平稳下击暴流的模拟方法，通过引入速度入口函数来实现壁面射流模型对非稳态下击暴流的风速时程模拟，得到了与实测数据较为吻合的结果，模拟的下击暴流风场时程数据可以用于结构分析，该方法使得通过增加壁面射流改造传统边界层风洞模拟下击暴流的大比例风洞试验成为可能。

(2) 采用非稳态的壁面射流装置能够得到与实际下击暴流非常接近的时变平均风速时程。与规范湍流度相比，非稳态壁面射流湍流度剖面在最大风速高度以下较为接近，而在最大风速高度之上，非稳态壁面射流湍流度较规范值偏大。

第 7 章 下击暴流移动增大效应及带协同流壁面射流分析

7.1 引 言

到目前为止，无论是冲击射流还是壁面射流，下击暴流平移风速对其出流段水平风速的增大效应研究较少。尤其是壁面射流，虽然在模拟静态下击暴流有明显的尺寸优势，但是对于移动下击暴流的物理模拟方法和流场规律对应关系有待于进一步研究。本章基于冲击射流模型，通过较慢移动速度冲击射流风洞试验与数值模拟进行对比，验证数值模拟的有效性，进而采用数值模拟研究较快平移风速对下击暴流出流段平均风速剖面的影响；然后通过研究协同流对壁面射流风速剖面的影响，建立协同流大小与下击暴流平移风速的关系，从而为采用壁面射流试验来模拟较大缩尺比的移动下击暴流提供参考。

以往有协同流壁面射流的研究主要集中在风速比，而射流流域的几何参数却并没有得到详细的研究。流体流域的边界对流场特性是有较大影响的，明确隔板厚度以及协同流高度等流域参数对壁面射流的影响是非常必要的。本章采用 SWRSM 对 McIntyre[74]的有协同流受限壁面射流试验进行模拟和补充研究，考虑了不同的壁面射流流场几何参数，包括壁面射流域的高度、宽度及隔板厚度，首先与文献中的试验进行对比，验证数值方法的可靠性；然后分析不同边界几何参数对受限有协同流壁面射流的影响；最后对边界层风洞模拟有协同流壁面射流时协同流的影响进行研究。

7.2 下击暴流移动增大效应

7.2.1 冲击射流试验

静止与移动冲击射流风洞试验在中国空气动力研究与发展中心(低速所)雷暴冲击风模拟装置进行。装置如图 7.1 所示，冲击射流试验的主要参数为：喷口直径 600mm；喷口出流风速 20m/s；根据 Hjelmfelt[9]对 JAWS 项目的总结，下击暴流出流直径的平均值为 1800m，云底离地面的高度平均值为 2700m，下击暴流出流高度与出流直径之比为 1~2。所以在采用冲击射流对下击暴流进行模拟研究时，广泛采取出流高度为喷口直径的 2 倍，即喷口相对平板高度为 1200mm。喷口固定在移动平台上，在传动带的驱动下可进行水平移动。由于喷口从加速至匀速移动然后减速，需要较大的试验空间，并且平移风速不宜过大，在实验室允许的条件下，取平移风速为 0.5m/s 和 1m/s。测点布置在喷口移动路径中心线上，10 个测点高度分别为 5mm、7mm、9mm、12mm、15mm、20mm、30mm、60mm、90mm、120mm。采用 TFI Cobra 三维脉动风速测量系统对风速数据进行采集，采样频率为 256Hz。

图 7.1　移动冲击射流试验装置

平移风速为 1m/s 和 0.5m/s 时，冲击射流移动路径中心线上离地 0.02D 高度处的固定点速度时程分别如图 7.2 和图 7.3 所示，采用小波分析对速度时程进行平均速度与脉动速度的分离[223]。可以看出，移动冲击射流试验重现了下击暴流出流段的主要风速特征，包括阵风前端风速的急剧增大，从而得到了下击暴流双峰值特征的第一个峰值；但是喷口通过监测点之后形成的第二个峰值不明显，风速较小，这是由于当冲击风的风向改变之后，眼镜蛇探头的测量精度下降，导致

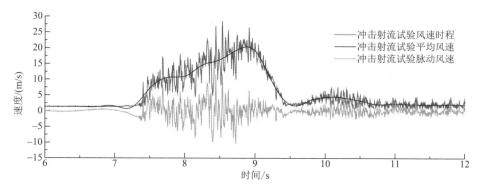

图 7.2　平移风速为 1m/s 时速度时程

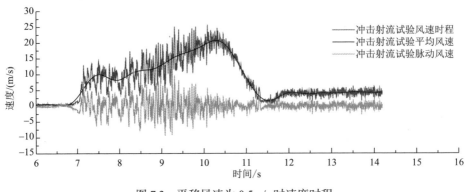

图 7.3　平移风速为 0.5m/s 时速度时程

采集数据不精确。移动速度为 0.5m/s 时的极值峰值略大于 1m/s 时的工况，但是平均风速的最大值却相差不大。同时，由于实测下击暴流特征的不确定性，即冲击位置、出流直径等，试验数据与实测数据对比是非常困难的。

7.2.2　移动冲击数值模拟方法验证

　　基于上述试验研究，可以采用数值模拟较快平移风速的冲击射流，从而进一步研究平移风速对下击暴流出流段风速的影响。冲击射流计算域及边界条件如图 7.4 所示。冲击射流侧面以及顶面为压力出口，入口采用速度入口，出流速度 U_j=20m/s，出流直径 D=600mm，壁面为滑移壁面，喷口距离壁面 1200mm，U_t 为平移风速，定义移动风速比 $\beta_r = U_t/U_j$。

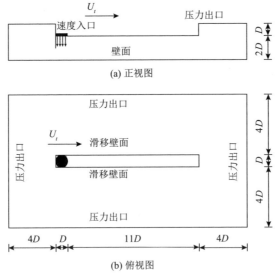

图 7.4　冲击射流计算域及边界条件

　　为了反映移动冲击射流的瞬态特征，采用 LES 方法进行质量方程及动量方程的求解，模拟时间步长取 0.0002s，满足库朗数小于 1，确保求解的稳定性。计算域采用结构网格进行划分，以保证网格的质量，并且在近壁面都进行加密，第一层网格高度满足 LES 对无量纲参数 $y^+<1$ 的要求。采用两种网格进行计算，以验证网格无关性。网格约为 410 万以及 210 万。静止冲击射流计算得到的平均风速剖面如图 7.5 所示，使用最大风速一半所在的竖向位置 $y_{1/2}$ 和最大风速 U_m 对两种射流进行无量纲处理，从而得到自相似剖面，U_m 是顺流向任意位置竖直风速剖面的最大速度，$y_{1/2}$ 为 U_m 值的一半对应的竖向位置。可以看出，两种网格下计算结果吻合很好，本章后续研究仍然采用较高质量的网格。

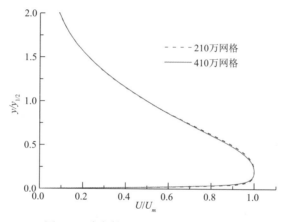

图 7.5　冲击射流网格无关性($x = 1.5D$)

　　为了与风洞试验进行对比，首先进行移动速度为 1m/s 和 0.5m/s 移动冲击射流数值模拟，中心线上离地 0.02D 高度处的固定点速度时程如图 7.6 所示。将数值模拟与试验结果平均风速最大值点相对应后进行比较。可以看出，与试验结果相比，冲击射流数值模拟瞬时风速最大值略微偏大，而最大平均风速非常吻合，同时风速分离得到的与脉动风速的最大值也基本一致，表明数值模拟结果是非常有效的。并且数值模拟可以避免风向改变导致测量仪器产生误差过大的问题。实测数据表明[2]，第二个峰值速度能达到第一个峰值速度的 65%以上，数值模拟结果得到的速度时程与实际下击暴流更吻合。平移风速为 0.5m/s 和 1m/s 时，最大平均风速基本没有差别，说明当平移风速较小时，对下击暴流出流段的水平风速影响不大。由第 3 章分析得出，实际下击暴流平移风速与出流段最大风速的比值约为 0.25。由于移动冲击射流风洞试验的局限性，为了反映真实下击暴流情况，本节接下来采用数值模拟方法进一步探讨下击暴流的平移对出流段水平风速的影响，取冲击射流平移与出流速度之比 β_r 为 0.1、0.15、0.2、0.25、0.3 进行研究。

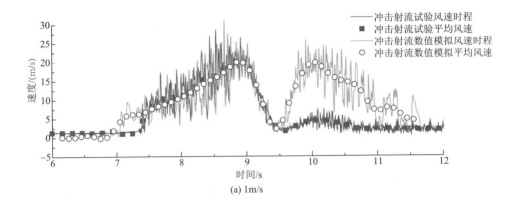

(a) 1m/s

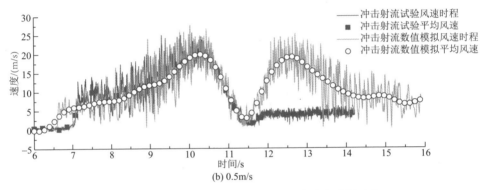

(b) 0.5m/s

图 7.6　冲击射流 CFD 模拟与试验平均速度时程对比

7.2.3　移动下击暴流数值模拟结果

1. 移动冲击射流流场特征

平移风速为 4m/s 时不同时刻两种出流高度的速度云图如图 7.7 所示,可以看出,出流高度为 2D 的冲击射流较早到达地面并冲击地面形成涡,而出流高度为 3.5D 的冲击射流在自由射流阶段经历了较长的时间,速度耗散较大,并且冲击地面时的角度更小;当冲击射流冲击地面一段时间后,可以看出,出流高度为 2D 时,在冲击射流后方形成的涡数量明显多于出流高度为 3.5D 的情况,即涡产生的频率较大,但是涡的尺度较 3.5D 时小;随后,随着冲击射流继续移动,冲击射流后方形成的涡逐渐消散,出流高度为 2D 时,涡的消散速度更快。

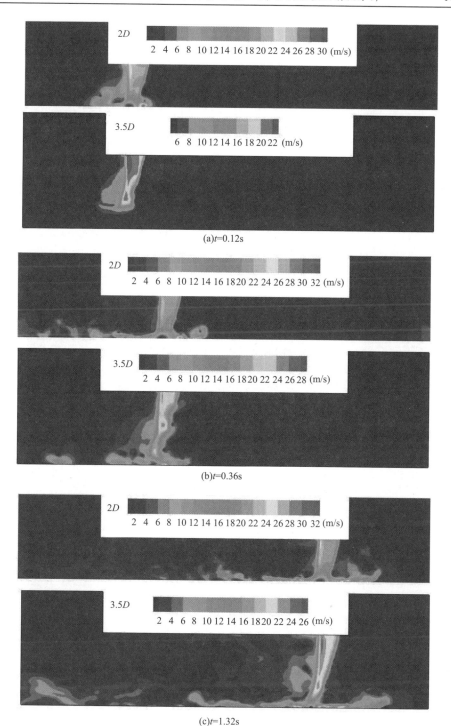

(a)t=0.12s

(b)t=0.36s

(c)t=1.32s

图 7.7　平均风速为 4m/s 时不同时刻两种出流高度的速度云图对比

静止冲击射流以及不同平移风速移动到相同位置时的速度云图如图 7.8 所示。可以看出，在自由射流阶段，由于速度扩散，静止冲击射流呈梯形状；而当冲击射流开始移动后，由于受到射流平移前方流体的作用，冲击射流整体开始向后倾斜，出现了严重的不对称性，导致自由射流末端缩小，冲击面积减小，并且平移风速越大，冲击射流前端向后倾斜越大，冲击面积减少越多。而在壁面射流阶段，由于冲击面积的不断减小，冲击地面产生的涡尺度也逐渐变小。

(a) 静止 (t=2s)

(b)U_t=2m/s (t=1.68s)

(c)U_t=4m/s (t=0.84s)

(d)U_t=6m/s (t=0.56s)

图 7.8　静止冲击射流及不同平移风速移动到相同位置时速度云图

2. 不同径向位置的速度时程

大量实测数据以及数值模拟结果表明[31,32,51]，下击暴流最大风速高度主要

出现在 0.02D~0.05D 范围内，限于篇幅，这里只给出部分具有代表性径向位置
监测点的速度时程。当出流高度为 2D 和 3.5D、平移风速为 4m/s、竖向位置 $y =$
0.02D 时，不同径向位置监测点的速度时程如图 7.9 所示。当 $r = 0$ 和 $r = 0.5D$
时，冲击射流移动导致两监测点移动到冲击点后方，因此这两个位置并不会出
现双峰特征，而是形成了类似静止冲击射流的速度时程，速度方向与冲击射流
平移方向相反。而当 $r = 1D$ 时，监测点比较接近冲击点，位于第一个涡的后
方，风速较小，随后冲击射流经过，监测点经历射流后方涡，达到风速极值。
当 $r > 1.5D$ 后，随着径向距离的增大，冲击射流时程都表现出较为典型的下击

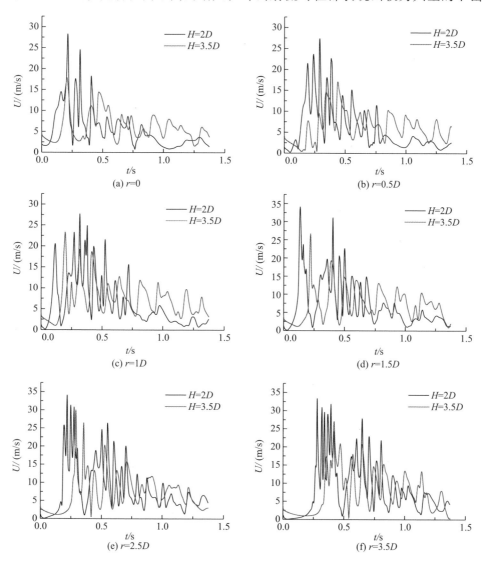

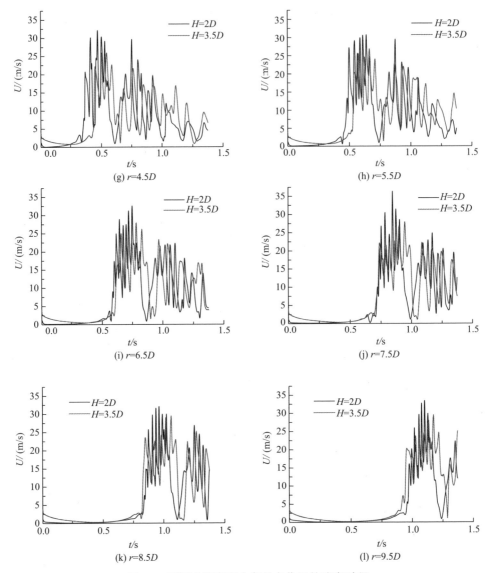

图 7.9　不同出流高度在各径向位置的速度时程

暴流的双峰特征，可以明显看出，当 $H=2D$ 时，速度脉动的频率与极值风速均较 $H=3.5D$ 时大，但当冲击射流远离监测点后，风速明显小于 $H=3.5D$ 的情况，原因是出流高度为 $3.5D$ 时射流后方涡流消散较慢，这与从速度云图得到的结论相一致。

当出流高度为 $2D$ 时，静止冲击射流以及不同平移风速时不同径向位置监测点的速度时程如图 7.10 所示，仍然取竖向位置为 $y = 0.02D$。可以看出，静止冲击射流并没有出现典型的双峰特征，当位于射流中心时，其速度时程基本为零，随着径向距离的增大，静止冲击射流的风速时程先逐渐增大，然后趋于平稳，在 $r = 1.5D$ 左右达到最大值，而当径向距离大于 $6.5D$ 之后，冲击射流风速已经基本可以忽略。对于移动冲击射流，除了位于后方的监测点外，其余监测点均出现较为明显的双峰特征，随着平移风速的增大，双峰间隔时间趋短，即冲击时间较短，因而产生的涡也逐渐变少，但是在其生命周期内产生的平均风速却逐渐增大。

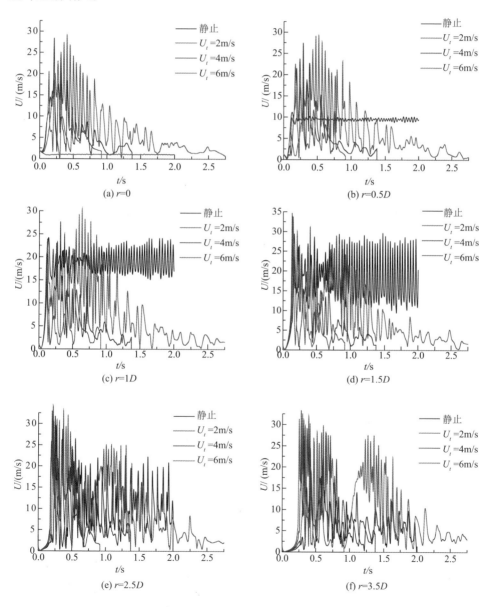

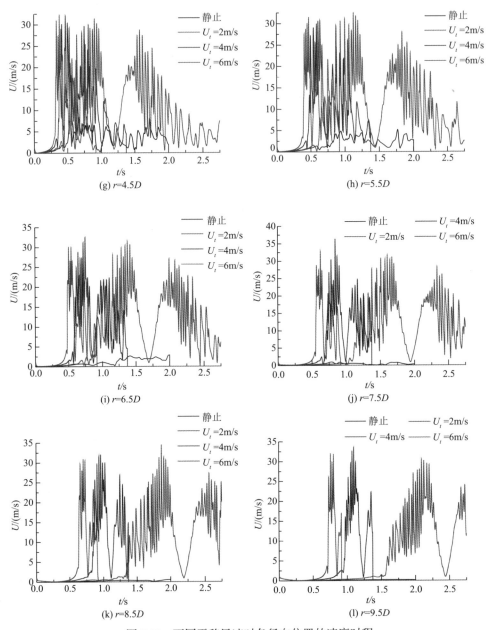

图 7.10　不同平移风速时各径向位置的速度时程

3. 最大极值风速及发生竖向位置

不同平移风速时，下击暴流的极值风速及其发生的竖向位置如表 7.1 所示。静止冲击射流的极值风速能达到射流出流速度的 1.52 倍，而移动下击暴流的极值风速明显大于静止冲击射流，最大能达到射流出流速度的 1.85 倍；静止冲击射流极值风速发生的竖向位置在 0.02D，而移动冲击射流极值风速发生的位置均在 0.01D，移动冲击射流的最大速度产生位置更靠近地面，但是平移风速的大小对极值风速竖向位置影响并不大。

表 7.1　不同平移风速时极值风速及其发生的竖向位置

参数	取值					
平移风速/(m/s)	0	2	3	4	5	6
极值风速/(m/s)	30.39	34.36	34.99	37.07	36.45	36.07
极值风速发生竖向位置/D	0.02	0.01	0.01	0.01	0.01	0.01

　　静止及各平移风速下冲击射流极值风速的竖向和径向包络如图 7.11 所示。可以看出，在近壁面，随着平移风速的增加，极值风速先增大，在风速比为 0.2 时达到最大，然后逐渐减小；在 $0.1 < y/D < 0.3$ 区间，平移风速越大，各竖向位置的极值风速反而越小；在 $y/D > 0.3$ 后，移动冲击射流的极值风速逐渐接近，平移风速越大，极值风速越小。各径向监测坐标处的最大风速如图 7.12 所示，可以看出，静止冲击射流的极值风速出现在径向位置 $1.5D \sim 2.5D$ 区域；移动冲击射流中，当平移风速为 2～5m/s 时，极值风速出现的位置都在 $r/D=2.6$ 附近；而当平移风速为 6m/s 时，极值风速出现在 $r/D=1.5$ 附近，这是由于该极值风速为移动冲击射流后方形成的涡所产生，而在冲击射流移动方向涡产生的最大速度都趋于一致并且都小于后方涡产生的最大风速，说明当风速比大于 0.3 后，同时应该关注移动冲击射流后方的极值风速。

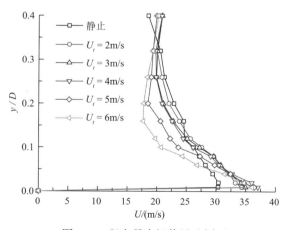

图 7.11　竖向最大极值风速剖面

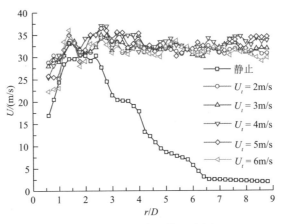

图 7.12　径向最大极值风速剖面

4. 平均风速

平均风速是工程应用中较为关键的一个参数，由于下击暴流具有的非稳态特征以及较短的生命周期强度，通常定义径向位置的特征时间($T_{0.5\mathrm{Up}}$)为冲击射流冲击地面后，风速增大到最大风速至衰减到最大风速一半所需的时间。本小节采用特征时间对各监测点的速度时程进行平均，用以研究冲击射流的平均风特性。选取各平移风速下最大平均风速所在径向位置的竖向平均风速剖面进行对比，如图 7.13 所示。随着平移风速的增大，最大平均风速也逐渐增大，这与极值风速的规律并不相同，这是由于平移风速越大，特征时间越短，从而平均风速就会越大；而平移风速越大，最大平均风速发生的位置越靠近壁面；在 $0.2D < y < 0.4D$ 区域，移动竖向平均风速没有表现出明显的规律，其风

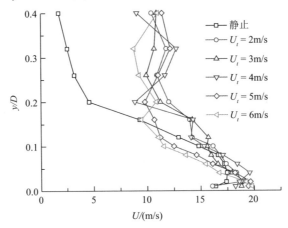

图 7.13　不同平移风速时最大平均风速位置处平均风速竖向剖面

速基本位于 10～12.5m/s 范围内，移动风速对该区域平均风速剖面的影响不大。$y = 0.01D$ 高度处各平移风速下平均风速径向剖面如图 7.14 所示，可以看出，静止冲击射流的最大平均风速发生在 $r = 1.25D$，这与 Chay 等[31]以及 Kim 等[52]得到的结果非常吻合，随着径向距离的增大，逐渐远离冲击点，当径向距离 $r > 6D$ 后，平均风速逐渐变为零；当平移风速比较小时($\beta_r \leqslant 0.2$)，移动冲击射流风速径向剖面表现出与静止风速剖面类似的规律，即先增大到最大值，然后逐渐减小，但是移动冲击射流逐渐减小到一个固定的值，然后趋于稳定，而当平移风速较大时($\beta_r > 0.2$)，风速径向剖面呈现先增大，并未出现较为明显的下降段，然后逐渐趋于平缓，并且移动风速对平均风速的影响逐渐变小。

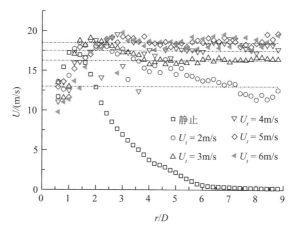

图 7.14　不同平移风速时 $y = 0.01D$ 处平均风速径向剖面

5. 平移风速对出流速度的增大效应

在冲击射流模型中，定义各平移风速时冲击射流最大平均风速与静止冲击射流最大平均风速的比值为平移增大系数 C_{zr}，如表 7.2 所示。不同平移风速时，平移增大系数满足式(7.1)，如图 7.15 所示。

表 7.2　冲击射流平移增大系数

参数	取值					
β_r	0	0.1	0.15	0.2	0.25	0.3
U_m/(m/s)	17.47	18.83	19.10	19.58	19.65	19.79
C_{zr}	1.000	1.078	1.094	1.121	1.125	1.133

$$C_{zr} = 1.2022\beta_r^{0.0475} \tag{7.1}$$

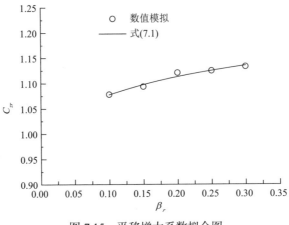

图 7.15　平移增大系数拟合图

7.3　协同流对壁面射流的增大效应

由于移动冲击射流风洞试验的局限性，很难进行较大缩尺比的试验，采用单纯壁面射流模型虽然可以解决这个问题，但是却没有考虑下击暴流移动对平均风速剖面的增大效应。同时，采用冲击射流试验设备无法模拟较快平移风速的下击暴流风场，而协同流则基本不受试验条件的限制。通过在壁面射流中加入协同流，可以实现壁面射流模型对下击暴流平移增大效应的模拟。

在进行移动下击暴流模拟时，协同流与下击暴流平移风速的关系尚不清楚，没有协同流与平移风速的对应关系，这样就无法根据平移风速来确定相应的协同流大小。因此，找出与给定平移风速对出流风速增大效应相对应的协同流大小对壁面射流模型的作用是非常关键的，本节基于 4.4 节数值模拟结果研究协同流对壁面射流风场加速效应的影响。

7.3.1　带协同流壁面射流模型验证

图 7.16 给出了静止冲击射流试验三个径向位置处的水平速度竖向剖面，以及静止冲击射流数值模拟径向位置 $1.5D$ 处和无协同流平面壁面射流顺流向距离 $30b$ 处水平速度竖向剖面。可以看出，两种模型数值模拟的自相似剖面与冲击射流试验结果吻合较好，冲击射流模拟结果在近壁面略大于试验结果，而壁面射流结果在近壁面的速度剖面介于 $1.0D$ 和 $1.5D$ 冲击射流试验结果之间。同时，本节试验和两种模型数值模拟结果与 Eriksson 等[67]无协同流壁面射流试验、Cooper 等[219]静止冲击射流试验相比也吻合较好。图 7.17 为壁面射流径向位置 $x = 30b$ 处不同协同流与静止冲击射流试验 $1.5D$ 处、不同平移风速移动冲击射流平均速

度竖向剖面。两种模型分别采用各自的出流速度作为参考风速，可以看出，当风速比较小时，移动冲击射流对出流平均风速的影响不大，虽然由于参考风速的不同，在数值上有所差异，但是壁面射流模型与冲击射流模型都能反映出移动增大效应，这说明使用带协同流的壁面射流模型能够完全模拟出移动下击暴流风速竖向剖面的增大作用。

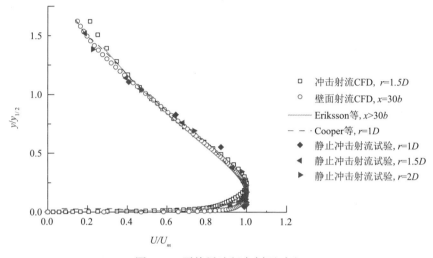

图 7.16　平均风速竖向剖面对比

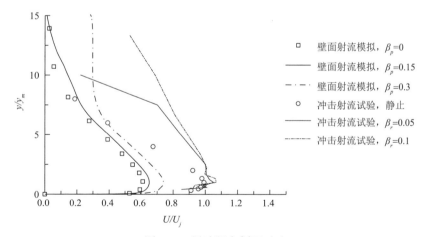

图 7.17　风速竖向剖面对比

图 7.18 为壁面射流完全发展后的速度云图以及静止冲击射流流场稳定后的速度云图，可以看出，由于壁面射流的卷吸作用，在射流出口处不断地产生涡，这与冲击射流冲击地面后沿地面发展卷吸产生的涡基本一致。实际上，空间层面的下击暴流是三维的，产生的涡系是环状扩散的。而采用带协同流壁面

射流模型，只能模拟二维平面流动情况，为了评估采用二维壁面射流模拟三维下击暴流出流场的准确性，Lin 等[43]对理想下击暴流出流段的二维性假设进行了验证，表明平面壁面射流与径向冲击射流在横风向的误差是完全可以忽略的，即使存在较大的分流角度，对下击暴流中心线(移动路径)的流场影响也是非常微弱的。由上述分析可以看出，虽然总体看来壁面射流模型与下击暴流的流动机制并不完全相同，但是在造成结构物破坏的主要区域即出流区域，采用壁面射流模型完全能够模拟出下击暴流出流段风场的主要特征。

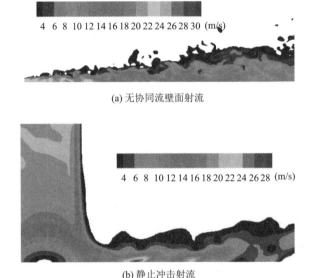

(a) 无协同流壁面射流

(b) 静止冲击射流

图 7.18　壁面射流完全发展后的速度云图以及静止冲击射流流场稳定后的速度云图

7.3.2　采用协同流模拟云层平移

壁面射流方法中，为了研究协同流对平均风速的增大效应，定义有协同流时壁面射流各顺流向位置的最大平均风速与无协同流壁面射流最大平均风速的比值为协同增大系数，根据式(4.7)可以得到不同风速比时的协同增大系数，如表 7.3 所示。

表 7.3　不同风速比时的协同增大系数

β_p	x					
	10b	20b	30b	40b	50b	60b
0	1.000	1.000	1.000	1.000	1.000	1.000
0.1	0.997	1.011	1.022	1.028	1.036	1.038

续表

β_p	x					
	10b	20b	30b	40b	50b	60b
0.15	1.007	1.042	1.065	1.085	1.104	1.120
0.2	1.015	1.077	1.113	1.140	1.165	1.189
0.25	1.023	1.113	1.163	1.201	1.235	1.266
0.3	1.028	1.145	1.211	1.260	1.303	1.343

　　各风速比时协同增大系数如图 7.19 所示，对协同增大系数进行拟合可以发现，各风速比下的协同增大系数与顺流向距离满足幂函数规律，如式(7.2)所示：

$$C_{zp} = M(x/b)^N \tag{7.2}$$

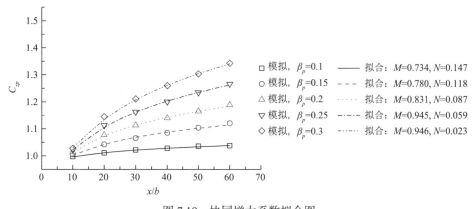

图 7.19　协同增大系数拟合图

　　将参数 M 和 N 对平面壁面射流协同流风速比 β_p 进行二次拟合，如图 7.20 所示，得到拟合参数的表达式如下：

$$M = -1.0935\beta_p + 1.0402 \tag{7.3}$$

$$N = 0.5942\beta_p - 0.0302 \tag{7.4}$$

　　因此，式(7.2)可以改写为

$$C_{zp} = (-1.0935\beta_p + 1.0402)\left(\frac{x}{b}\right)^{0.5942\beta_p - 0.0302} \tag{7.5}$$

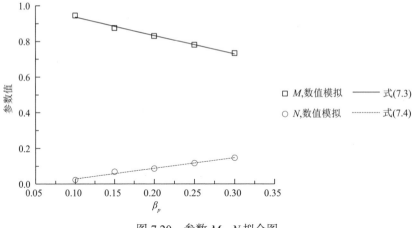

图 7.20　参数 M、N 拟合图

7.3.3　协同流模型应用

采用带协同流平面壁面射流来模拟任意平移风速冲击射流最大风速所在位置的平均风速剖面，通过式(7.1)与式(7.5)相对应，可以确定壁面射流模型的参数，即协同流速度以及顺流向位置。例如，采用带协同流平面壁面射流来模拟平移风速比为 0.2 时移动冲击射流最大风速所在位置的平均风速剖面，该平移风速比移动增大系数为 C_{zr}=1.121。对应协同增大系数与平移增大系数，即 C_{zp}=1.121。可通过选定协同流风速比来确定顺流向位置，若取协同流风速比为 0.2，根据式(7.5)可以计算得到对应的壁面射流顺流向位置为 $34b$；此外，也可通过选定顺流向位置来确定协同流大小，若选定 $50b$ 处为试验位置，根据式(7.5)同样可以确定协同流风速比为 0.165。本书移动冲击射流模拟结果表明平移风速比为 0.2 时，最大风速出现在 $2.8D$ 处，因此图 7.21 对比了冲击射流最大风速位

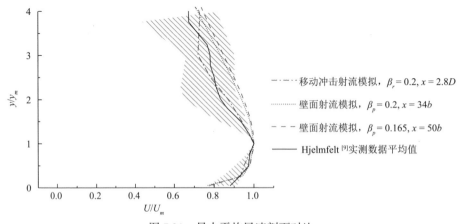

图 7.21　最大平均风速剖面对比

置与壁面射流在 β_p=0.2 时 34b 处以及 β_p=0.165 时 50b 处的平均风速剖面。图中阴影部分为 Hjelmfelt[9]统计的实测数据区间，可以看出，移动冲击射流模拟结果与实测平均风速剖面吻合很好，而壁面射流模拟结果在 y/y_m=1～4 区间与实测结果相比略有偏大，但是两种模型的模拟结果都位于实测结果阴影区间，表明两种方法对移动下击暴流最大平均风速剖面的模拟结果是有效的。因此，当采用带协同流壁面射流模型模拟任意平移风速的下击暴流时，就可以根据相应的平移风速来确定协同流的大小以及对应的顺流向位置，从而实现带协同流壁面射流模型对任意移动下击暴流平均风速剖面的模拟。并且壁面射流的协同流几乎不会受到试验条件的限制，能够模拟较大平移风速的下击暴流，具有广泛的适用性。

7.4　本 章 小 结

为了明确下击暴流平移对其出流段水平风速的影响，本章通过数值模拟方法研究了受限壁面射流的几何参数及风速比对其流场特性的影响，通过采用雷诺应力模型 SWRSM 对雷诺平均 Navier-Stokes 方程进行封闭求解，模拟了雷诺数为 3.5×10^4 的稳态湍流受限壁面射流，得到了各参数对壁面射流特征尺度的影响规律，通过与冲击射流试验结果进行对比及综合分析，实现壁面射流模型中对这种影响的模拟，得到以下结论：

(1) SWRSM方法对有协同流壁面射流的模拟同样具有较好的性能。无论是实际速度还是无量纲速度，SWRSM得到的平均速度剖面与试验数据吻合得很好，但是对于湍流特征的模拟效果却较差，这可能是由模拟中所采用壁面函数的缺陷所致。

(2) 受限壁面射流的几何参数分析表明风洞的高度和宽度对壁面射流的发展有较大的影响。当风洞的高度超过 40b 时，在顺流向距离为 200b 范围内，风洞顶板对壁面射流的发展基本没有影响；当风洞宽度超过 20b 时，三维模型中心面的流场特性与二维模型及试验结果较为吻合。当采用有协同流壁面射流在常规边界层风洞中模拟下击暴流出流段时，风洞的高度应该大于 20b 且在 40b 以上为宜，而风洞的宽度应该大于 20b 以保证平面壁面射流的二维性。隔板厚度对半高值的影响不大，对最大风速的衰减有一定的影响，隔板厚度越大，最大风速衰减越快。

(3) 风速比对有协同流壁面射流的影响较大。带协同流壁面射流的平均风速剖面在初始发展阶段(x<40b)存在自相似性，而且在 $y/y_{1/2}$<1 区域也具有一定程度的自相似性；随着 β_p 的增大，相同位置处的速度逐渐增大，最大速度的衰减变慢。带协同流的壁面射流的 $y_{1/2}$ 先呈线性扩展，随后由于回流作用以及壁面限

制，扩展率逐渐减小，而且 β_p 越大，扩展率越小，故在使用壁面射流模型模拟下击暴流时，必须考虑协同流的作用。有协同流壁面射流的壁面摩擦系数在局部雷诺数 $3\times10^4<R_m<8\times10^4$ 范围内基本呈线性递减，根据模拟结果得到相应范围内的拟合公式。随着顺流向距离的增加，壁面摩擦系数在 $\beta_p>0.1$ 时先增大后减小，而且 β_p 越大，c_f 减小越快。雷诺切应力随 β_p 增大而减小；零切应力点与最大速度点距壁面距离比 $y_{(\overline{u'v'}=0)}/y_m$ 随着顺流向距离的增加先迅速减小后趋于平缓，随着 β_p 的增加，$y_{(\overline{u'v'}=0)}$ 与 y_m 的比值增大，表明内、外层的相互作用减弱。

(4) 进行了移动冲击射流试验与数值模拟研究，结果表明，两种研究手段都能较好地模拟移动下击暴流的主要特征，即阵风前端风速急剧增大，并且两者在风向改变之前吻合较好。风洞试验对测量设备的较高要求导致结果的次峰值不明显，而数值模拟则很好地再现了下击暴流的双峰特征。冲击射流的平移对其出流段平均风速影响较大。随着平移风速的增大，最大平均风速的增幅可达13.3%以上，并且最大风速产生的位置更靠近壁面。下击暴流平移对出流段风场的增大效应是不能忽略的，因此本章提出了平移增大效应的经验表达式。

(5) 对壁面射流模型进行改进，提出了协同流模拟下击暴流的平动的方法，得到了协同流对壁面射流增大效应的经验表达式；建立了协同增大效应以及平移增大效应的对应关系，有效实现了带协同流壁面射流对任意移动风速下击暴流的最大平均风速剖面的模拟，为在风洞中采用壁面射流模型进行大尺度移动下击暴流试验提供参考。

第8章 下击暴流作用下输电塔顺风向 响应频域分析

8.1 引 言

风是输电塔线结构破坏的主要原因，而下击暴流由于较大的瞬时风速，造成了大量的输电塔破坏。虽然下击暴流是导致输电塔大规模破坏的主要原因之一，对于下击暴流中输电塔的风振响应研究却才刚刚起步不久。在传统的工程设计中，考虑的荷载主要是输电塔自身所受风荷载，以及导线传递给输电塔的荷载，包括导线自重及其所受到的风荷载。根据这些荷载源可以确定输电塔所受合力方向及大小，从而对输电塔的内部构件进行设计以保证结构体系的平衡。但是输电塔构件并不承受重大荷载。在良态风作用下，即便是在高风速下，这些设计是完全足够的。然而，在非良态风作用下，如下击暴流或者龙卷风，风场位置及结构可能是非常局限的，这种局限性可能仅仅使得输电塔受到极大的影响，而对导线的影响不大。此外，下击暴流等极端风荷载的阵风剖面形状与边界层风场有极大的不同，最大风速所在的高度更贴近地面，在这种完全没有考虑的设计条件下，塔架可能会由于杆件的破坏而发生倒塌。传统的设计并未考虑这些因素，因此必须采用相应的方法对现有塔架进行补救，同时便于新线路的设计。因此，输电塔的风振响应分析是进行输电塔线设计的基础。

虽然时域分析可以充分地考虑结构的非线性特征，并且计算结果也比较精确，但是其计算效率低，计算成本高，难以将结构风振响应的背景响应和共振响应区分开。而频域分析则具有很好的物理意义，可以分别计算出结构在风荷载作用下的背景响应和共振响应，从而为结构设计提供更加合理的计算依据。相关研究表明[45]，在非稳态的壁面射流风场作用下，传统的"-5/3 定律"来分离结构响应的背景分量和共振分量是不准确的，这也是为何下击暴流作用下输电塔的分析计算几乎都是基于时域方法，针对输电塔在下击暴流作用下的频域分析却少有研究。而常用的非平稳频域分析方法仅仅局限于简化的高层建筑，虽然输电铁塔的风致动态响应与高层建筑类似，但是也有着明显的区别。输电塔相比形状规则的高层建筑，其阻尼比与单位高度质量更小，从而导致了较大的气动阻尼，对风荷载更加敏感。因此，本章基于非平稳瞬态计算以及拟稳态方法，得到下击暴流作用下输电塔响应的频域分析计算方法，分析下击暴流作用下输电塔的结构动力响应，同时与时域分析结果进行对比，提出修正的动力放大因子拟合表达式，从而为工程应用提供一定的理论参考。

8.2　基于壁面射流风场的塔架结构气动弹性风洞试验

输电铁塔作为一种风敏感结构，在过去的几十年间，下击暴流等强风造成了大量的输电塔破坏[226]。虽然各国规范对良态风场下输电塔的荷载以及响应计算方法都有详细的规定，但是对于下击暴流及其他极端风荷载，却少有规范给出有效的设计方法。现有关于下击暴流的研究距离形成能够指导抗风设计的规范条文还有相当大的差距。目前为止，由于下击暴流中风场结构的不确定性以及较小的缩尺比，输电塔这类格构式高耸结构在下击暴流风场中气弹模型试验较少。

8.2.1　实物参数及模型设计与制作

自立式输电塔和拉线塔作为我国目前采用较为广泛的两种特高压输电塔，其中拉线塔在计算时必须考虑塔线体系的耦合作用，其风振响应较为复杂。本节选用常用的自立式输电塔 ZC27102 作为研究对象，该塔呼高为 42m，塔头高度为 6.8m，全塔均为角钢材质，为灵州—绍兴±800kV 高压直流输电线路直线塔，如图 8.1 所示。

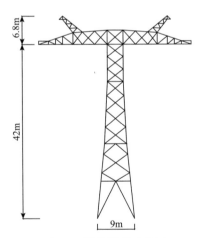

图 8.1　单塔原型示意图

输电塔线体系的动力特性分析是气弹性模型设计的前提，采用 ANSYS 建立塔的有限元模型，考察其动力特性。输电塔前两阶模态如图 8.2 所示，可以看出，输电塔的前两阶振型均表现为弯曲振型。

(a) 一阶振型，$f_1=1.726$Hz　　　　(b) 二阶振型，$f_2=1.838$Hz

图 8.2　原型塔的振型及频率

根据 Buckingham π 定理，通过量纲分析，可推导出进行气动弹性模型风洞试验所要满足的相似准则。根据各相似准则，除满足模型与结构原型几何相似、刚度相似、质量分布一致外，还应满足表 8.1 所列的各无量纲参数(JTG/T 3360-01—2018)。事实上，试验时要完全满足表 8.1 所列的各相似参数是不可能的，因此在模型设计及流场模拟时，相似参数必须根据研究对象和目的进行取舍，做到重要参数严格相似，而放弃次要参数，并对试验结果进行合理的修正。

表 8.1　气动弹性模型风洞试验相似参数

参数	无量纲参数	表达式	物理意义
均匀流中的相似参数 $\rho Dv/\mu$	惯性参数(密度比)	ρ_s/ρ_f	结构惯性力/流体惯性力
	弹性参数(Cauchy 数)	$E/(\rho v^2)$	结构弹性力/流体惯性力
	重力参数(Froude 数)	gD/v^2	结构重力/流体惯性力
	黏性参数(Reynolds 数)	$\rho Dv/\mu$	流体惯性力/流体黏性力
	阻尼比(对数衰减率)	δs	一个周期耗散能量/振动总能量
脉动风的相似参数	风速剖面	vz/v_{10}	风速沿高度的变化
	湍流度	$\sigma_v/\bar{v}$	脉动风各分量的总能量
	归一化功率谱	$fS_v(f)/\sigma_v^2$	湍流能量的功率谱
	Strouhal 数	fL/v	时间尺度
结构物和脉动风之间的相似参数	尺度比	L/D	湍流边界层与结构物尺度之比
	频率比	f/f_s	紊流频率与结构物频率之比

注：v 代表速度，μ 代表流体黏性系数。

雷诺数(Re)反映了惯性力与黏性力之比。在普通风洞内进行缩尺模型试验，Re一致性条件基本是无法模拟的。对于具有锐缘的钝体结构，如桥梁、高层建筑及高压输电塔等结构，由于流动的分离点几乎固定不变，忽略Re相似对试验结果影响不大，因此在本次试验中放松了Re的要求。而弗劳德(Froude)数反映了重力与惯性力之比，对于输电塔线结构的气动弹性试验，满足重力参数的一致性是十分必要的。施特鲁哈尔(Strouhal)数是所有动态试验必须满足的相似准则，它反映了模型的固有频率缩尺比与风速和几何缩尺比之间的关系。柯西(Cauchy)数是关于弹性力与惯性力之比，在多数情况下由模型与实塔的这个参数相等来决定风洞试验的风速缩尺比。结构阻尼参数在设计模型时是难以控制的，只能通过对模型做模态测试来检验其是否与预期值接近。因此，在模型制作时，应注意尽量减少摩擦源，以免模型阻尼过大。

输电塔气弹模型需要严格满足的相似参数是弹性参数、惯性参数及结构阻尼比。在输电塔模型设计制作中正是重点考虑了以上三个参数及几何相似性。弹性参数的相似条件决定了模型材料的弹性模量。很难找到既满足弹性模量相似要求又便于模型加工的材料，从而使弹性模量的相似性难以实现。好在弹性模量总是出现在结构刚度表达式中，因此可以将弹性参数相似融合于刚度分布相似，这样既完全模拟了结构的弹性参数，又简化了模型的制作。惯性参数密度比相似客观上要求模型的密度与原型的密度一致。就本输电塔而言，由于塔头杆件多而截面小，在满足几何相似条件后，尽管选择了轻质材料进行模型制作，但加上传感器及导线，最后塔头仍将超重，为保持整个模型质量分布的一致性，必须在塔身配重，这样模型密度大于原型密度，这一密度的不相似将通过修正风速比加以考虑。

输电塔刚度模拟通常有两种方法：集中刚度法和离散刚度法。集中刚度法是用合适的弹性材料做成沿高度变化的芯棒以模拟原型的刚度分布，再用轻质材料按几何缩尺比做成原型物的几何外形，通常称为"外衣"，用于承受风荷载。离散刚度法则要求模型各杆件既做到刚度相似又做到几何相似。

由于本章的主要目的是研究塔架结构在下击暴流出流段风场中的动力响应特征，并非为实际工程提供设计依据。因此，为了方便模型的制作，对输电塔进行了简化，在保证输电塔迎风面积的前提下，简化斜材数量，从而采用集中刚度法。全塔所有芯棒采用钢条，"外衣"采用0.3mm的铝皮进行包裹，实现了塔具有较好的外衣刚度以及较为准确的迎风面积，而整个塔的刚度则由一个铝管来提供。输电塔外衣的塔头以及四个塔身之间相互断开，避免增加整个模型的刚度，铝管与输电塔"外衣"之间采用AB胶进行粘接固定，该类胶水在达到强度后能承受8kN以上的拉力，完全能满足试验要求，使得塔身与铝管之间的连接足够牢固。铝管与底座之间采用完全刚性连接，底座与风洞底板之间通过一块铁板，同样以强力AB胶水进行粘接，如图8.3所示。

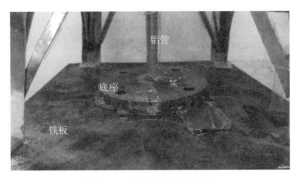

图 8.3 模型底部结构图

根据风洞尺寸以及阻塞比的要求，采用几何缩尺比为 1∶50。输电塔原型的质量约为 27502kg，按照质量相似，理想模型的质量应为 27502/50³=0.22kg，整个模型总质量为 0.568kg，超过了理想情况。模型的质量与原型质量比不满足相似比时，将通过对风速比的修正加以考虑，具体方法如下：当模型与原型的密度比不超重时(ρ_s/ρ_f =1)，通常先确定几何相似系数 C_L 与风速相似系数 C_v，频率相似系数 $C_f = C_L \times C_v$；当模型超重时，则应通过标定试验先确定频率相似系数 C_f，再得到风速相似系数 $C_v = C_L \times C_f$，从而自动修正了超重所带来的影响。因此，采用自由振动的方法来估计模型的频率，通过加速度传感器以及激光位移计测量自由振动时塔顶的位移及加速度，测试重复 6 次以上，保证数据的可靠性，输电塔模型及相应的数据采集设备如图 8.4 所示。测试得到的输电塔的前两

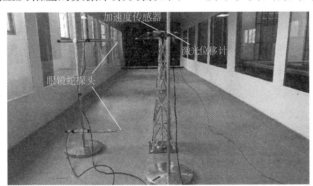

(a) 试验布置图

(b) 加速度传感器

(c) 激光位移计

图 8.4 输电塔模型及相应的采集设备

阶频率分别为 7.889Hz 和 8.482Hz。因此，可以确定输电塔的频率相似系数 C_f 为 4.6。输电塔各相似系数如表 8.2 所示。

表 8.2　输电塔各相似系数

参数	符号	相似系数值
几何相似系数	C_L	1∶50
空气密度相似系数	C_ρ	1
单位长度质量相似系数	C_m	2.58
质量相似系数	$C_M = C_m \cdot C_{3L}$	1∶48450
侧弯刚度相似系数	$C_{EI} = C_{2v} \cdot C_L^4$	1∶(7.29×108)
频率相似系数	C_f	4.6
加速度相似系数	$C_a = C_f^2 \cdot C_L$	1∶2.35
风速相似系数	C_v	1∶10.8
位移相似系数	C_y	1∶50

8.2.2　风振响应试验结果

试验采用的主要测量仪器有加速度传感器、激光位移计以及眼镜蛇风速采集系统。其中，一个加速度传感器测量塔顶加速度，一台激光位移计测量塔顶的顺风向位移，两个眼镜蛇探头放置在竖向100mm 高度以及塔顶处。加速度传感器采用江苏东华测试技术股份有限公司的1A314E 三向加速度传感器，灵敏度约为10mV/(m·s²)，量程为50m/s²，频率范围为0.5～5kHz；激光位移计采用基恩士 IL-300激光位移传感器，基准距离为300mm，测量距离为160～450mm，完全能满足试验需求。稳态试验在两个风向角0°和90°(其中90°风向角为顺线路方向，0° 风向角为垂直线路方向)，射流出流速度为13.94m/s、23.51m/s、33.06m/s；而非稳态试验在两个风向角0°和90°、射流出流速度为33.06m/s 下进行。

1.　稳态壁面射流顺风向响应

0°和 90°风向角下，出流风速为 33.06m/s，顺流向 140b 位置处输电塔顶的位移和加速度响应如图 8.5 和图 8.6 所示。从位移和加速度的功率谱可以看出，输电塔的顺风向位移响应以背景响应为主，并包含一阶共振响应，而输电塔的顺风向加速度响应以一阶共振响应为主，并包含高阶共振响应，背景响应所占比重较位移响应小。加速度响应功率谱的斜率基本为–5/3，而位移响应功率谱在高频区基本满足–5/3 斜率。因此，在稳态风场中，采用"–5/3 定律"来进行背景响应和共振响应的分离是可行的。

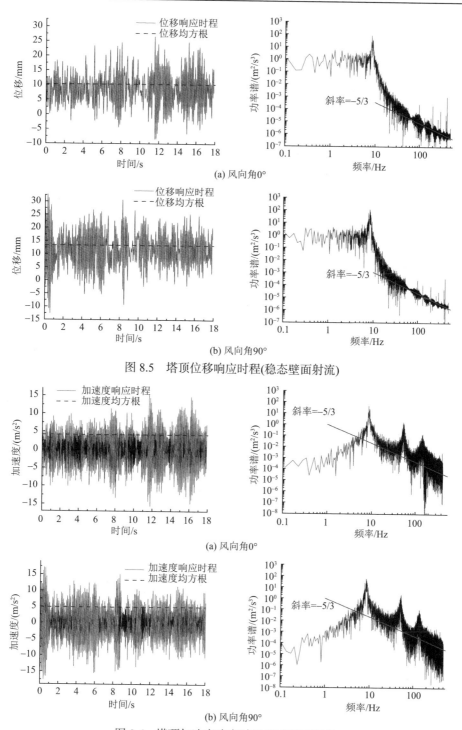

(a) 风向角0°

(b) 风向角90°

图 8.5　塔顶位移响应时程(稳态壁面射流)

(a) 风向角0°

(b) 风向角90°

图 8.6　塔顶加速度响应时程(稳态壁面射流)

2. 非稳态壁面射流顺风向响应

非稳态的壁面射流仍然采用下击暴流的典型双峰值风速时程函数。顺流向位置140b处非稳态壁面射流风作用下塔顶位移响应时程如图8.7所示，同样采用小波方法对结构的平均响应及脉动响应进行分离，如图8.8所示，从而得到脉动响应的功率谱如图8.9所示。在非稳态风作用下，最大脉动位移响应几乎与时变平均响应相等，与稳态风场作用下脉动位移响应不同，非稳态风作用下脉动响应包含了一阶和高阶共振响应。同时，风向角0°和90°时脉动位移响应的功率谱在100Hz以内的对数斜率分别为-3.3和-3.5。塔顶加速度响应及其功率谱如图8.10和图8.11所示，结构脉动加速度响应仍然主要以共振响应为主，而风向角0°和90°时加速度功率谱对数斜率分别为-2和-2.2。可以看出，非稳态壁面射流作用下输电塔响应功率谱斜率的规律并不明确。常规边界层风场中，通常采用传统"-5/3定律"来分离结构响应的背景分量和共振分量，但是对于下击暴流作用下结构的响应，这种方法的准确性是值得商榷的。

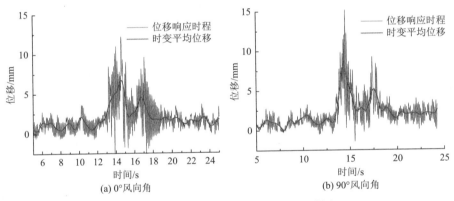

图 8.7　塔顶位移响应时程(非稳态壁面射流)

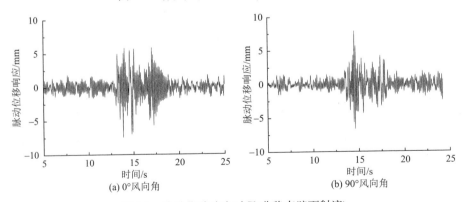

图 8.8　脉动位移响应时程(非稳态壁面射流)

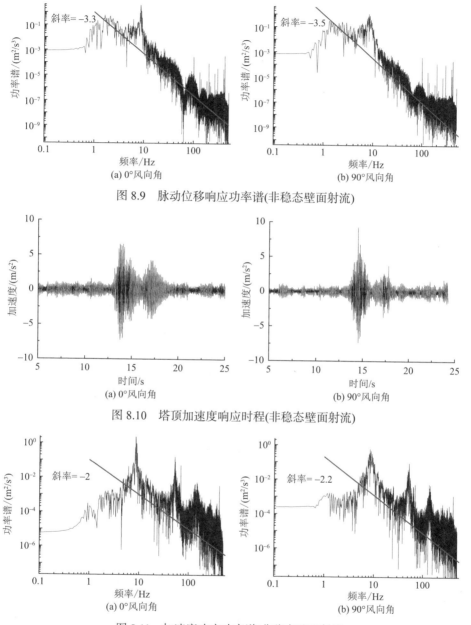

图 8.9　脉动位移响应功率谱(非稳态壁面射流)

图 8.10　塔顶加速度响应时程(非稳态壁面射流)

图 8.11　加速度响应功率谱(非稳态壁面射流)

8.3　输电塔响应的非平稳频域计算方法

脉动风作用下结构的顺风向风振响应频域分析方法主要有两种：一种是根

据脉动风的频谱特性和结构的振动特性，将结构风振响应分为背景响应和共振响应两部分，分别对两者进行求解，由此求得结构的总响应；另一种则是直接根据随机振动理论采用模态叠加法进行求解。

8.3.1　下击暴流风荷载的基本模型

任意高度处下击暴流顺风向的风速可以分解为确定的时变平均分量 $\overline{V}(z,t)$ 和脉动分量 $v'(z,t)$，其表达式为

$$V(z,t) = \overline{V}(z,t) + v'(z,t) \tag{8.1}$$

任意时刻 z 高度作用在输电塔单位高度上的平均风荷载为

$$\mathrm{d}\overline{F}(z,t) = 0.5\rho_a \overline{V}^2(z,t)C_D(z)\phi(z)w(z)\mathrm{d}z \tag{8.2}$$

式中，ρ_a 为空气密度；$\phi(z)$ 为输电塔的填充率；$C_D(z)$ 为输电塔的体型系数，可以根据规范取值[227]；$w(z)$ 为输电塔各节段宽度。

而作用在输电塔单位高度上的脉动风荷载则可以表示为

$$\mathrm{d}\tilde{F}(z,t) = \rho_a \overline{V}(z,t)v'(z,t)C_D(z)\phi(z)w(z)\mathrm{d}z \tag{8.3}$$

8.3.2　模态分解法求解动力响应

对于多自由度结构在脉动荷载作用下的响应计算，其常用方法是把总位移响应展开成与各阶模态相关的位移分量之和：

$$x(z,t) = \sum_i \varphi_i(z)q_i(t) \tag{8.4}$$

对于输电塔线结构，其一阶振型为 $\varphi_1(z) = (z/H)^\beta$，$\beta$ 为振型系数。结构在脉动风荷载作用下各阶模态坐标 $q_i(t)$ 的振动方程为

$$M_j q_j'' + C_j q_j' + K_j q_j = Q_j(t) \tag{8.5}$$

结构的位移响应的均方值为

$$\sigma_x^2(z,t) = \sum_{j=1}^N \sum_{k=1}^N \overline{\sigma_{qj}(t)\sigma_{qk}(t)}\phi_{qj}(z)\phi_{qk}(z) \tag{8.6}$$

如果忽略模态间的耦合作用，则式(8.6)变为

$$\sigma_x^2(z,t) = \sum_{j=1}^N \sigma_{qj}^2(t)\phi_j^2(z) \tag{8.7}$$

其中，j 阶模态广义坐标的均方响应为

$$\sigma_{qj}^2(t) = \int_0^\infty S_{qj}(\omega,t)\mathrm{d}\omega \tag{8.8}$$

式中，$S_{qj}(\omega,t)$ 为广义位移响应进化谱，可根据随机振动输入与输出功率谱密度的关系计算得到。

考虑输电塔的特性，通常只计算一阶振型，可得到其位移均方根为

$$\sigma_x(z,t) = \varphi_1(z)\sqrt{\int_0^\infty S_{q1}(\omega,t)\mathrm{d}\omega} \tag{8.9}$$

传统非平稳随机振动的计算方法较为烦琐，而林家浩等[228]提出的虚拟激励法，通过假设一个虚拟激励力，在保证理论精确性的同时，大大简化了计算过程，提高了计算效率。虚拟激励法求解随机振动的关键是构造虚拟激励，对于非平稳的随机过程，下击暴流中常采用进化谱的方法进行表示，将其脉动成分变成均匀调制演变随机激励[133]。而对少量的下击暴流实测数据，可以通过对其脉动风进行谱估计，从而得到其进化谱[229]。定义虚拟激励力为

$$\tilde{f}(\omega,t) = \sqrt{S_Q(\omega,t)}\mathrm{e}^{\mathrm{i}\omega t} \tag{8.10}$$

式中，$S_Q(\omega,t)$ 为脉动风的广义力进化谱。

虚拟激励作用下结构的振动方程为

$$M\tilde{q}'' + C\tilde{q}' + K\tilde{q} = \tilde{f}(\omega,t) = \sqrt{S_Q(\omega,t)}\mathrm{e}^{\mathrm{i}\omega t} \tag{8.11}$$

由于虚拟激励为简谐荷载，式(8.11)的解可以较容易求出，从而可以得到广义位移响应的进化谱：

$$S_{qj}(\omega,t) = \tilde{q}(\omega,t)\tilde{q}^*(\omega,t) \tag{8.12}$$

式中，上标"*"代表共轭。

虚拟激励法是一种精确的完全二次型组合(complete quadratic combination，CQC)法，没有平方-总和-开方(square-root-sum-square，SRSS)法的近似表达式。与结构的特征频率相比，当时间调制函数的变化率足够小，并且时间 t 足够大时，即时变平均风速随时间的变化足够慢，则下击暴流作用下结构随机动力响应也可以采用拟稳态的方法进行计算[133]。广义位移的进化谱矩阵可表示为

$$S_{qj}(\omega,t) = |H(\omega)|^2 S_Q(\omega,t) \tag{8.13}$$

式中，$H(\omega)$ 为结构第一阶模态的频响函数：

$$H(\omega) = \frac{1}{M(-\omega^2 + 2\mathrm{i}\xi_1\omega_1\omega + \omega_1^2)} \tag{8.14}$$

8.3.3　背景与共振响应分别求解

由于大多数结构的自振频率远大于风荷载的卓越频率，其高阶共振分量非常小，然而高阶背景响应分量却较大，上述方法采用模态分解法进行结构的动力响应计算，其计算效率是非常低的，必须采用多阶振动模态才能得到较为准确的结果。对非平稳随机激励，采用拟稳态方法进行求解时，更有效的方法是采用准定常结构的计算方法，将平均分量和背景分量分离出来，分别计算结构的平均响应、背景响应及共振响应。

1. 平均响应

通过影响函数可以方便求出平均风荷载作用下的平均风致响应：

$$\bar{r}(z_0,t) = \int_0^H \frac{1}{2}\rho_a \bar{V}^2(z,t)C_D(z)\phi(z)w(z)i(z_0,z)\mathrm{d}z \tag{8.15}$$

式中，$i(z_0,z)$ 为输电塔的影响函数。

2. 背景响应

脉动风具有随机性，脉动响应的统计值具有实际意义，并且背景响应具有准静态特征，因此背景响应可以由式(8.16)计算：

$$\tilde{r}_B^2(z_0,t) = \rho_a^2 \int_0^H \int_0^H C_D(z_1)C_D(z_2)\phi(z_1)\phi(z_2)\bar{V}(z_1,t)\bar{V}(z_2,t)\sigma_{v1}\sigma_{v2}R(v_{z1},v_{z2}) \\ \cdot i(z_0,z_1)i(z_0,z_2)w(z_1)w(z_2)\mathrm{d}z_1\mathrm{d}z_2 \tag{8.16}$$

式中

$$R(v_{z1},v_{z2}) = \frac{\overline{v(z_1,t)v(z_2,t)}}{\sigma_{v1}\sigma_{v2}} \approx \mathrm{e}^{-(\Delta z/L_v)} \tag{8.17}$$

$\Delta z = |z - z'|$。

3. 共振响应

为了求解输电塔的共振响应，广义力的进化功率谱密度可以通过式(8.18)求得

$$S_{Qj}(\omega_j,t) = 4Q_R^2 S_v(\omega,t)\chi^2(\omega)g^2(t)|J_z(\omega)|^2 / U_{\max}^2 \tag{8.18}$$

式中，$\chi^2(\omega)$ 为输电塔的气动导纳函数；$S_v(\omega,t)$ 为时变风速谱；联合接受函数 $|J_z(\omega)|^2$ 和 Q_R 分别由式(8.19)和式(8.20)给出：

$$\left| J_z(\omega) \right|^2 = \frac{1}{H^2} \int_0^H \int_0^H \left(\frac{z}{H} \right)^\beta \left(\frac{z'}{H} \right)^\beta \frac{U(z)}{U_{max}} \cdot \frac{U(z')}{U_{max}} \mathrm{Coh}(z,z',\omega) \mathrm{d}z \mathrm{d}z' \tag{8.19}$$

$$Q_R = \int_0^H 0.5\rho_a C_D(z) U^2(z) w(z) \phi(z) \mathrm{d}z \tag{8.20}$$

式中，$\mathrm{Coh}(z,z',\omega) = \exp\left(\frac{k_z \omega |z-z'|}{2\pi U_{max}} \right)$ 为与时间不相关的相干函数。

根据随机振动理论，可以得到共振位移响应的方差为

$$\sigma_{R,j}^2(t) = \frac{1}{K_j^2} S_{Qj}(\omega_j,t) \int_0^\infty \left| H_i(\omega) \right|^2 \mathrm{d}\omega \tag{8.21}$$

由极点法计算得到积分 $\int_0^\infty \left| H_j(\omega) \right|^2 \mathrm{d}\omega$ 的值为 $\omega_j / (8\xi)$ [230]，于是，第 j 阶响应的共振分量为

$$\sigma_{R,j}^2(t) \approx \frac{\omega_j}{8\xi} \frac{1}{K_j^2} S_{Qj}(\omega_j,t) \tag{8.22}$$

式中，ξ 为模态阻尼比，包含结构阻尼比及气动阻尼比，实际共振响应为模态坐标下响应乘以响应参与因子：

$$\tilde{r}_{R,j}(z_0,t) = \sigma_{R,j}(t) \int_0^H m(z)\omega_j^2 \mu_j(z) i(z_0,z) \mathrm{d}z \tag{8.23}$$

式中，ω_j 为输电塔的第 j 阶自振圆频率；$\mu_j(z)$ 为输电塔的第 j 阶振型。

因此，共振响应的表达式为

$$\tilde{r}_{R,j}(z_0,t) = \sqrt{\frac{\omega_j S_{Qj}(\omega_j,t)}{8\xi}} \frac{\int_0^H m(z)\mu_j(z) i(z_0,z) \mathrm{d}z}{\int_0^H m(z)\mu_j^2(z) \mathrm{d}z} \tag{8.24}$$

输电塔的脉动风响应为

$$\tilde{r}(z_0,t) = \sqrt{\tilde{r}_B^2(z_0,t) + \sum_j \tilde{r}_{Rj}^2(z_0,t)} \tag{8.25}$$

在求得各响应分量之后，便可计算出下击暴流作用下输电塔的总响应：

$$\hat{r}(z_0,t) = \bar{r}(z_0,t) + g_s \tilde{r}(z_0,t) \tag{8.26}$$

式中，g_s 为峰值因子，Dovenport 推导出的峰值因子表达式为

$$g_s = \sqrt{2\ln(\nu T)} + \frac{0.577}{\sqrt{2\ln(\nu T)}} \tag{8.27}$$

式中，ν 为响应的有效频率，常取自振频率；T 为取得最大值的时间范围，对常规边界层风场通常取值为 1200~3600s，本节取下击暴流风从开始急剧增大到最大值的时间为时距。

共振响应的计算流程如图 8.12 所示。

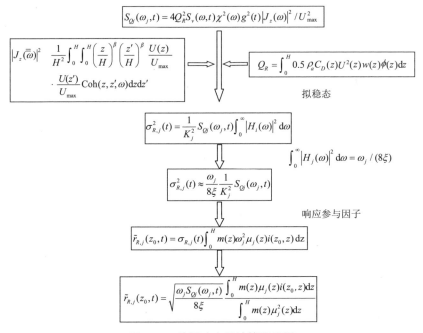

图 8.12　共振响应的计算流程图

8.3.4　输电塔时域验算对比方法

在时域分析中，通常将下击暴流风速视为确定性时变平均风速和调制随机非平稳脉动风速来模拟下击暴流风场，从而可以得到输电塔的响应时程。由于下击暴流的非平稳特性，采用 "–5/3 定律" 来分离常规风场作用下结构响应的方法已经不再适用，因此本节采用 Elawady 等[4]提出的针对下击暴流背景响应和共振响应分离的方法进行时域响应分离，其具体步骤如下：

(1) 对总响应的平均值和脉动值进行分离。

(2) 计算脉动响应的功率谱以及归一化的累计功率谱。

(3) 计算对数累计功率谱中两个连续频率之间的斜率，从而计算该斜率与对数累计功率谱总体平均斜率的比值。

(4) 确定斜率比值的临界值，从而确定共振频率。

(5) 通过滤波的方法将共振响应从总脉动响应中分离出来，从而得到背景响应。

8.3.5 非平稳数据处理方法

由于下击暴流风场为典型的非平稳风场，在其风速信号中包含了长周期的时变平均风。虽然在计算前对下击暴流风场的模拟是将时变平均风与脉动风分开模拟，但在有限元计算过程中是将总风速整体施加于输电线结构上，所得到的输电线各类风致响应也均为非平稳的信号时程且同样包含长周期的时变平均响应。对于常规的信号处理常采用傅里叶变换，傅里叶变换是一种全局的变换，表达的是所处理信号在时频域内的全局特征，但其主要应用于线性的平稳高斯信号的处理，对下击暴流非平稳风场及输电线非平稳响应的处理并不适用。

国内外学者一直尝试将处理非平稳信号的方法引入处理下击暴流风场和风场中结构响应的试验数据中，其中包括移动平均法[107]、经验模态分解[108]、离散小波变换[108]、核回归法[108]、希尔伯特-黄变换[109]等。根据方法的适用性和便利性，在下击暴流非平稳信号的处理中常采用移动平均法和离散小波变换。

1. 移动平均法

移动平均(moving-average，MA)法，其原理是以一固定的时距截取分离目标信号的每一段并进行平均处理，能有效分离目标信号对应分辨率的分量走势。对于非平稳响应，其计算公式如下：

$$\bar{r}(t) = \frac{1}{T_c}\int_{t-\frac{T_c}{2}}^{t+\frac{T_c}{2}} r(t)\mathrm{d}t \tag{8.28}$$

式中，T_c 为截取的固定时距；t 为整个信号时程过程；$r(t)$ 与 $\bar{r}(t)$ 分别对应总响应与分离后得到的时变平均响应。

2. 离散小波变换

离散小波变换，最早是由从事石油信号处理的法国工程师 S.Morlet 在 1974 年提出的。S.Morlet 建立了反演公式，但当时未能得到数学家的认可。1986 年由著名数学家 Y.Meyer 构造出了一个真正的小波基，在和 Morlet 通过合作研究后，提出以多尺度分析法构造小波基的理论，基于此小波分析开始蓬勃发展起来并被广泛应用于故障诊断、信号处理、图像识别等各个方面。该方法解决了窗口大小不随频率变化等问题，同时继承和发展了短时傅里叶变换局部化的思想，能够提供一个随频率改变的"时间-频率"窗口，为信号时频分析和处理提供了方便。针对某信号 $s(t)$，其主要计算公式如下：

$$W_k(a,b) = \frac{1}{\sqrt{|a|}}\int_{-\infty}^{\infty} s(t)\psi\left(\frac{t-b}{a}\right)\mathrm{d}t \tag{8.29}$$

式中

$$s(t) = \frac{1}{2\pi C_\psi} \int_{-\infty}^{\infty} \int_{-\infty}^{\infty} \frac{1}{a^2} W(a,b) \psi\left(\frac{t-b}{a}\right) \frac{1}{\sqrt{a}} \mathrm{d}a\mathrm{d}b \tag{8.30}$$

$$C_\psi = \int_{-\infty}^{\infty} \left[\left|\hat{\psi}(\omega)\right|^2 / |\omega| \right] \mathrm{d}\omega < \infty \tag{8.31}$$

$$\hat{\psi}(\omega) = \frac{1}{\sqrt{2\pi}} \int_{-\infty}^{\infty} \psi(t) \mathrm{e}^{-\mathrm{i}\omega t} \mathrm{d}t \tag{8.32}$$

式(8.29)为小波变换公式，式(8.30)为小波逆变换公式。在式(8.29)和式(8.30)中，a、b分别为尺度因子和平移因子，用来实现基本小波的伸缩和平移变换；$\psi(t)$为小波基函数或母小波，该函数需要根据所处理信号的特征以及信号处理的预计目标结果类型进行选取，常用的小波基函数主要有Morlet、Meyer、Haar、bior、dbN等。从上述公式中可以看出，小波变换在时域和频域内的分辨率并非恒定不变，其大小会随着尺度因子的变化而变化。具体来说，在时域内，随着尺度因子的增大，分辨率也会变大；而在频域内，分辨率会随着尺度因子的增大而减小，这样的特性称为小波变换的变焦距特性。在运用过程中，可以通过设定尺度因子的大小来选取信号分解的分辨率。在处理非平稳信号时，可以将反映高频成分的小波通过尺度因子的设定来过滤掉，再把剩余的尺度结合起来做反演变换来得到时变平均的信号。该方法与传统的信号处理方法相比，不仅能在时域、频域内均达到良好的局部化性质，且能够通过快速算法得到结果。

判断非平稳信号处理结果是否合理主要应满足以下三个方面的要求：①分离出的时变平均分量能够有效合理地反映原始数据在时间维度上的变化趋势和规律；②根据分离出的高频信号如脉动风速求解出的演化功率谱密度(evolutionary power spectral density，EPSD)应有明确的物理意义；③由本方法分离出的信号所计算得到的结构响应应比其他方法更为保守。事实上，在数据处理过程中，②和③两个条件不容易辨别，而在计算结果中移动平均法与离散小波变换均能较好地满足条件①。

8.4 算例与分析

8.4.1 计算参数

以塔身高 81.4m、总高 84.8m 的输电塔为例，该塔是特高压输电线路中常用的一种直线塔，如图 8.13 所示；全塔均为角钢材质，塔型的基本参数如下：塔底宽度 w_b = 16.2m，塔顶宽度 w_t = 3.9m，横担宽度 w_c = 37.1m，横担高度 h_c =

3.4m，塔身总高 $h = 81.4$m；结构自身阻尼比取为 0.01，本节计算峰值因子取 3.0。输电塔的前三阶模态和自振频率如图 8.14 所示。

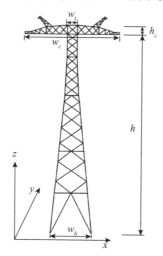

图 8.13　某自立式横担塔示意图

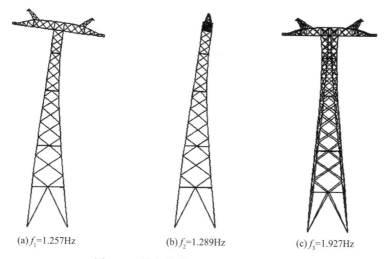

(a) f_1=1.257Hz　　　　(b) f_2=1.289Hz　　　　(c) f_3=1.927Hz

图 8.14　输电塔前三阶模态与自振频率

8.4.2　时间调制函数

通过时间调制函数可以得到下击暴流的时变平均风速以及脉动风速的进化谱。本节采用两种不同的时间调制函数进行研究，如图 8.15 所示。调制函数 1 为 Holmes 等根据安德鲁斯空军基地下击暴流实测记录提出的一个经验模型[24]，该模型通过考虑冲击射流的径向风速与冲击射流平移风速的矢量和来描述移动下击暴流的速度时程，从而得到时间函数。调制函数 2 直接从 RFD 的出流风速时程记录中得到。通过调制函数及实测记录，可以得到相应随机过程的进化谱[25,133,229]，如图 8.16 所示。

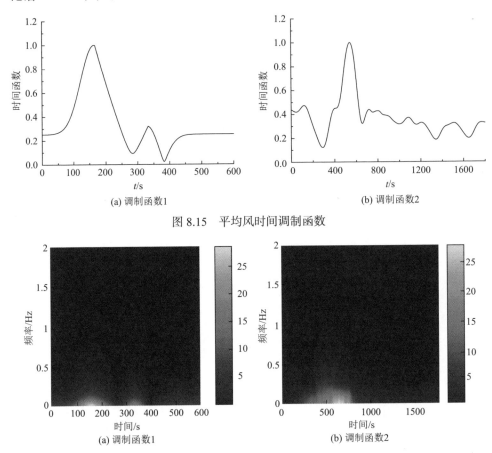

图 8.15　平均风时间调制函数

图 8.16　各时间调制函数的风速进化谱

8.4.3　时域分析对比

为了进行时域分析，首先需要模拟下击暴流风荷载，具体模拟方法可以参考文献[25]和[26]，这里不再赘述。本节下击暴流的竖向风速剖面采用式(4.1)，半高值为400m，最大平均风速为70m/s，时间函数采用 Holmes 等提出的经验模型[24]，模拟时长为512s，通过对 von Karman 风速谱进行调制来得到时变功率谱，不同点间的相干函数采用 Davenport 相干函数。取随时间变化的幅值调制函数 $A(z,t) = 0.11V(z,t)$，75m 高度处模拟下击暴流风速时程如图8.17所示，模拟得到的脉动风速平稳成分的功率谱与目标谱密度如图8.18所示，可以看出，模拟值与目标谱的吻合度非常高。

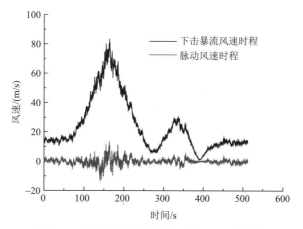

图 8.17　模拟下击暴流风速时程(75m 高度处)

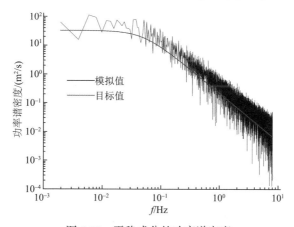

图 8.18　平稳成分的功率谱密度

在得到下击暴流风荷载之后，通过建立有限元模型对输电塔进行时域分析。在典型下击暴流荷载作用下塔顶节点位移时程曲线如图 8.19 所示。采用响应分离的方法可以得到背景响应和共振响应，如图 8.20 所示。可以看出，下击暴流的峰值位移响应约为 0.45m，远大于常规边界层风作用下输电塔的位移响应。

为了便于与频域分析结果进行对比，时域分析中，采用移动统计的概念，每 4s 对输电塔脉动响应进行移动求得时变响应方差，如图 8.21 所示。可以看出，频域分析结果与对应的时域分析结果在第一个最大峰值处非常吻合，由于频域分析采用的是拟静态结果，时域分析共振响应出现了微小的滞后现象。

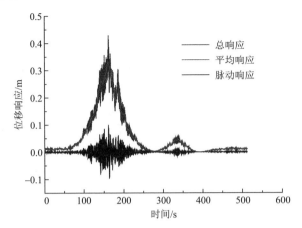

图 8.19　下击暴流作用下塔顶位移响应时程

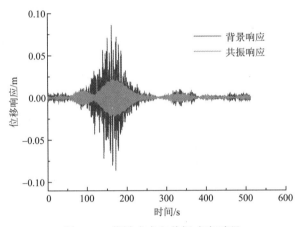

图 8.20　背景响应和共振响应时程

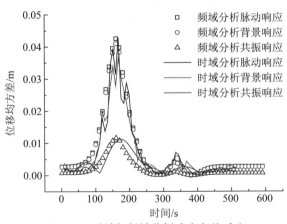

图 8.21　时域与频域分析响应方差对比

8.4.4　频域计算结果

图8.22为输电塔在不同时变风作用下顶端位移的平均响应以及脉动均方根值，两种时变风的竖向风都采用式(4.1)，最大风速为70m/s。对输电塔而言，通常只考虑了结构的一阶振型，而脉动均方根值计算采用的是虚拟激励法(图中用 PEM 表示)、拟稳态模态分解(图中用 PS 表示)以及拟稳态背景共振响应组合(background and resonant response combination，BR)方法。从图中可以看出，工况1采用虚拟激励法以及拟稳态分解方法计算得到的结果达到最大值的时间基本一致，并未出现高层建筑中非平稳响应最大值"滞后"于拟稳态响应的现象[133,228]，这是由于输电塔较大的自振频率以及气动阻尼的影响，导致 $e^{-2\xi_1\omega_1 t}$ 趋于零，使得时间对非平稳响应的影响减小。而在达到最大值之前的一段时间，非平稳响应与拟稳态响应大小也十分接近。随后时变风开始减小，非平稳

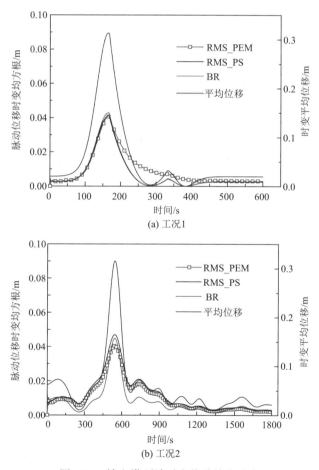

(a) 工况1

(b) 工况2

图 8.22　输电塔顶端时变位移均方响应

响应与拟稳态响应出现差异，拟稳态响应逐渐小于非平稳的响应。工况 1 中，由于下击暴流双峰值的特征，在第二个峰值增加段，非平稳响应与拟稳态响应又逐渐接近，计算得到第二个峰值响应基本一致。工况 2 中，非平稳响应与拟稳态响应基本一致，只是在最大值附近拟稳态响应略小于非平稳响应。

工况 1 采用拟稳态背景共振响应组合方法与拟稳态模态分解方法计算得到的结果基本一致，只在最大值附近略大于拟稳态模态分解方法的结果；在工况 2 中，采用拟稳态背景共振响应组合方法与两种模态分解方法得到的结果有一定的误差，其最大值与非平稳响应接近，略大于采用拟稳态模态分解方法得到的结果。这是由于对于实际的下击暴流数据，采用小波分析方法对其非平稳风速数据解耦以及时变功率谱密度估计时出现一定的误差。因此，对下击暴流实测数据的处理更为有效的方法是需要进一步研究的。

无论是采用非平稳的模态分解方法，还是拟稳态模态分解方法和拟稳态背景共振响应组合方法，计算过程中都需要用到模态阻尼比。在高层建筑的风振分析中，气动阻尼通常被忽略。但是在输电塔线结构中，气动阻尼是不能忽略的。考虑和不考虑气动阻尼时，输电塔的最大拟稳态背景响应以及共振响应如图 8.23 所示，由于背景响应是拟静态响应，气动阻尼对其没有影响，而气动阻尼对共振响应有较大的影响，忽略气动阻尼时，共振分量为考虑气动阻尼时的 1.7 倍。

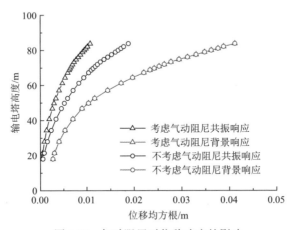

图 8.23　气动阻尼对位移响应的影响

8.4.5　动力响应影响

由于下击暴流的非平稳特性，结构响应随时间变化，因此各国规范均没有考虑下击暴流脉动风对结构动力响应的放大效应。通常采用拟稳态最大脉动响应时刻的峰值响应与平均响应之比来研究脉动风的放大效应，定义该比值为动力放大因子(dynamic amplification factor，DAF)。文献[171]对 178m 输电塔进行了动力响应的参数分析，指出下击暴流竖向剖面最大风速高度对动力放大效应影响不大，得到最大平均风速为 60m/s 时的动力放大因子约为 1.4。由于下击暴流的脉动风速随平均风速的增大而增大，采用频域分析方法，得到不同最大平均风速下动力放大因子如图 8.24 所示。可以看出，下击暴流最大平均风速对输电塔的动力响应有较大的影响，动力放大因子随着最大平均风速的增大而增大，基本呈线性关系。由于拟稳态分析不能考虑动力响应的滞后效应，从图 8.21 时域分析以及模态分解法结果与拟稳态结果对比来看，这种滞后效应是不能忽略的。考虑下击暴流非平稳特性导致输电塔动力响应的滞后现象，可以对频域方法得到的动力放大因子进行修正，修正结果与本节时域分析结果以及文献[171]的时域分析结果极为吻合。

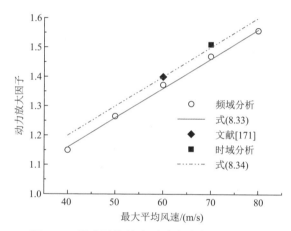

图 8.24　最大平均风速对动力放大因子的影响

$$DAF = 0.01U_{\max} + 0.76 \qquad (8.33)$$

$$DAF_m = 0.01U_{\max} + 0.8 \qquad (8.34)$$

8.4.6　风洞试验对比验证

　　本节通过对输电塔模型的气弹试验与所提计算方法进行比较，从而验证本节频域方法的有效性。在进行输电塔气弹响应时，两个眼镜蛇探头分别布置在顺流向位置 $140b$、竖向 100mm 处和塔顶处。由稳态壁面射流试验可以看出，其中，竖向 100mm 处为该顺流向位置的最大风速高度，因此本节计算采用竖向 100mm 处风速进行分析，采用小波变换得到的平均风速时程与脉动风速如图 8.25 所示，根据 Huang 等[229]的功率谱估计方法，得到脉动风的进化谱如图 8.26 所示。

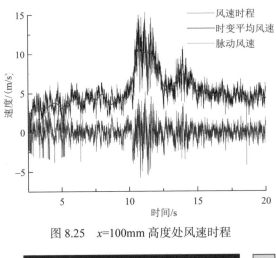

图 8.25　$x=100\text{mm}$ 高度处风速时程

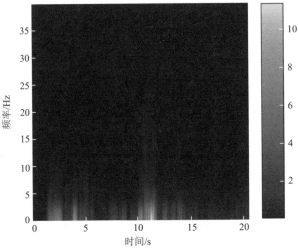

图 8.26　非稳态壁面射流 ESPD

　　采用时域分析方法对试验得到的塔顶位移与拟稳态背景响应和共振响应分别求解，得到的塔顶响应对比如图8.27所示，图中试验值根据相应的缩尺比进行了对应的尺度变换。可以看出，试验和频域计算得到的结果有一定的误差，最大峰值处试验平均值与试验脉动值均略大于频域计算值，而在第二个峰值处有较大的误差，平均响应和脉动响应都远大于脉动值，这可能是因为采用的进化谱估计样本较少，同时风速测量时眼镜蛇探头与输电塔架的位置有一定的距离，导致得到的进化谱不准确。时域与频域分析中，得到的背景响应值都比共振响应小，说明在非稳态壁面射流风场中的脉动响应以共振响应为主，这与稳态壁面射流作用下的脉动响应有较大的区别。同时，根据模型频率及壁面射流风速时程，由式(8.27)得到对应的峰值因子为2.01，从而得到试验与时频分析得到的动力放大因子为2.07和1.94，根据风速缩尺比得到试验对应的原型最大风速为 10.9m/s×C_v=118m/s，而通过式(8.34)得到对应的动力放大因子为1.98，与试验值及拟稳态的时频分析结果较为吻合。

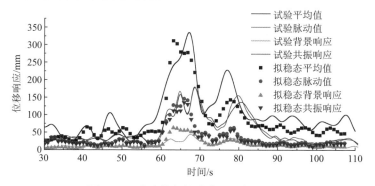

图 8.27　试验值与拟稳态 BR 方法对比

8.5　本 章 小 结

本章基于设计的非稳态壁面射流装置进行了壁面射流风场下输电塔气弹模型试验。同时，基于单自由度体系非平稳风频域分析理论，得到了输电塔在下击暴流作用下的频域计算方法，对输电塔进行了响应计算，并且与时域分析结果进行对比，得到如下结论：

(1) 稳态壁面射流风场下，输电塔的顺风向位移响应以背景响应为主，并包含一阶共振响应，而输电塔的顺风向加速度响应以一阶共振响应为主，并包含高阶共振响应，背景响应所占比例较位移响应少。加速度响应功率谱的斜率基本为–5/3，而位移响应功率谱在高频区基本满足–5/3斜率。

(2) 在非稳态壁面射流作用下，最大脉动位移响应几乎与平均响应相等，并且脉动响应包含了一阶和高阶共振响应；非稳态壁面射流作用下输电塔响应功率谱斜率的规律并不明确，采用传统"–5/3 定律"来分离结构响应的背景分量和共振分量的准确性值得商榷。

(3) 基于单自由度体系非平稳风频域分析理论，得到了输电塔在下击暴流风作用下的频域计算方法。采用一种经验时间函数以及一种下击暴流风速记录得到的时间函数对输电塔进行频域分析时，模态分解法得到的瞬态动力响应与拟稳态方法得到的结果基本一致，并且"滞后"效应不明显。

(4) 利用进化谱模拟生成了下击暴流风场，进行了输电塔时域抖振分析。输电塔时域响应与采用对应进化谱拟稳态频域分析得到的结果较为吻合，进一步验证了频域分析方法的可靠性。

(5) 通过对频域与时域结果进行分析，提出了修正的动力放大因子拟合表达式。下击暴流脉动风对输电塔引起的动力响应不能忽略，并且最大平均风速对输电塔动力放大因子影响较大，两者近似呈线性关系；提出的修正动力放大因子可以为考虑下击暴流的输电塔设计提供一定的参考，通过与输电塔气弹试验结果进行对比，进一步验证了修正动力放大因子的有效性。

第9章 下击暴流作用下输电线风致频域响应

9.1 引　　言

近年来，随着输电线路规模的不断扩展，覆盖地区范围和人口数量越来越大，由风造成的输电线路故障，导致其非计划停运对经济造成了很大损失。据统计，全世界大量输电线路故障源于下击暴流的影响。下击暴流与传统的大气边界层不同，由于其独特的竖向风剖面形式，以及较大的瞬时风速，更容易对输电线路造成破坏。但目前对于下击暴流风场下的输电线的风偏及不平衡张力的研究有限，因此对于该类研究十分必要。许多研究利用经验模型或者计算流体动力学模拟的时变平均风分析非平稳风速作用下输电线路的响应。目前对于下击暴流下结构的响应多采用时域的分析方法，利用有限元分析输电结构在非平稳风场中的响应。虽然时域分析能有效地考虑结构的几何非线性，计算结果也较为精确，但其计算效率较低。而频域的计算方法不仅具有更清晰的物理意义，计算也更为高效。因此，本章采用频域的方法分析讨论下击暴流下输电导线的动态抖振响应。

在实际下击暴流条件下，由于输电线路属于大跨结构，作用于输电线上的风荷载并不均匀，风荷载的大小会受到风剖面、湍流度、下击暴流路径等各类因素的影响。本章将考虑下击暴流风场的特殊性，使用准定常假定计算输电线上的风荷载。非平稳风作用下的响应可分为时变平均响应以及动态响应，分别由时变平均风和脉动风产生。通过解析解计算时变平均响应，而将随机动态响应认定为准静态响应即背景响应。其中背景响应通过影响线积分得到，而其时变标准差可根据影响函数和脉动风的空间相干函数计算。同时，考虑到实际工程运用中，输电线路高差和风向角的存在，本章也将对这两种工况进行详细分析。

9.2　等高差输电线风致响应

9.2.1　输电线及风荷载模型

均匀输电线的两端铰接固定在同一水平高度上，其跨度为 L，垂跨比 $d_0/L = 1/50 \sim 1/30$，在其自身重力作用 mg 及输电线两端初始水平张力 H_0 的作用下，输电线达到初始位置 $z_0(x)$ ，下垂高度 d_0 。输电线的方程为悬链线方程，但当垂度与跨度之比小于 0.1 时，可将悬链线方程简化为抛物线方程。本章讨论小垂度的输电线模型，因此在计算过程中将输电线状态考虑为抛物线形式，其方程如下：

$$z_0(x) = \frac{mg}{2H_0}x(L-x) \tag{9.1}$$

$$d_0 = \frac{mgL^2}{8H_0} \tag{9.2}$$

在输电线受到风荷载作用后，输电线轮廓及变形如图 9.1 所示。

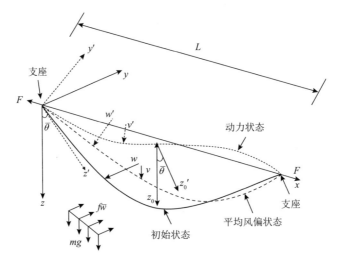

图 9.1　输电线在自重与风荷载作用下的轮廓

风荷载垂直于输电线初始平面作用于输电线上，风速由确定性时变平均风速 $\overline{V}(x,t)$ 和随机脉动风速 $V(x,t)$ 组成，即

$$V_a(x,t) = \overline{V}(x,t) + V(x,t) \tag{9.3}$$

由于输电线小垂度结构，且假设风速在输电线平面处于均匀状态，则考虑输电线上各点承受相同的风荷载，在竖向高度 z 处，$\overline{V}(x,t)=\overline{V}(t)$ ，$V(x,t)=V(t)$ ，$V_a(t)=\overline{V}(t)+V(t)$ 。其中随机脉动风速 $V(t)$ 是零均值的调制随机过程，可以表示为调幅函数 $a(z,t)$ 与均值为零、方差为 1 的平稳高斯随机过程 $\zeta(z,t)$ 的乘积：

$$V(t) = a(z,t)\zeta(z,t) \tag{9.4}$$

式中，$a(z,t)=I(z)\overline{V}(t)$ ，$I(z)=I_{10}(10/z)^{1/6}$ ，I_{10} 为10m 高度处的湍流度；$\zeta(z,t)$ 可采用谐波叠加法得到，其功率谱由双边 Kaimal 谱确定，该功率谱考虑了高度

对湍流度的影响，其函数表达式为

$$S_{V00}(z,\omega) = \frac{100}{2\pi} \frac{z}{\overline{V}_{\max}} \frac{u^2}{(1+50\overline{\omega})^{5/3}} \tag{9.5}$$

$$S_{V0}(x_1, x_2, \omega) = \mathrm{Coh}_{V0}(x_1, x_2, \omega) S_{V00}(\omega) \tag{9.6}$$

式中，ω 为圆频率；$\overline{\omega} = z\omega/(2\pi \overline{V}_{\max})$；$u = k\overline{V}_{\max}/\ln(z/z_0)$ 为摩阻速度；k 为 von Karman 系数，等于 0.4；$\overline{V}_{\max}$ 为作用于输电线上的最大时变平均速度；z_0 为地表粗糙高度。

式 (9.6) 中 $\mathrm{Coh}_{V0}(x_1, x_2, \omega) = \exp\left(-\dfrac{C|x_1 - x_2|\omega}{2\pi\overline{V}_{\max}}\right)$ 为 Davenport 指数函数模型中给出的相干函数，其意义在于表示空间两点之间的相关性，其中 C 为衰减系数。

时变平均风速与脉动风速作用在输电线上时，会使输电线产生时变平均响应与脉动响应。其中由脉动风产生的输电线结构的响应为动力响应，输电线结构在受到脉动风这类动力荷载时，将在其自振频率处发生共振，产生共振响应。而共振响应的大小主要受到输电线结构的刚度、质量、阻尼、模态等动力特性的影响。大量研究表明，对于输电线类大跨柔性结构，由于气动阻尼的影响，共振响应会被大幅削弱。实际情况中，输电线受到风荷载作用而产生风偏响应的过程中，时刻会受到气动阻尼的影响，因此在计算过程中可以将共振响应忽略。在结构的非自振频率处，脉动风同样会对结构产生响应，这一部分响应称为背景响应，该响应被认为是准静态响应，与结构的动力特性无关。

假设模型服从准定常假定，则输电线上单位长度所受的横向平均气动力和动态气动力由以下公式计算：

$$\overline{f}_D(t) = \frac{1}{2}\rho D C_D \overline{V}^2(t) \tag{9.7}$$

$$f_D(t) = \rho D C_D \overline{V}(t) V(t) \tag{9.8}$$

式中，ρ 为空气密度；D 为输电线直径；C_D 为静态阻尼系数。

由于风荷载的作用，输电线在沿风向和垂直风向产生位移变形，其位移同样可以分解为由确定性时变平均风和随机脉动风产生，其中由确定性时变平均风产生的沿风向和垂直风向位移分别表示为 $\overline{w}(x,t)$ 和 $\overline{v}(x,t)$；由随机脉动风产生的沿风向和垂直风向位移分别表示为 $w(x,t)$ 和 $v(x,t)$，则沿风向和垂直风向的总位移可表示为

$$w_a(x,t) = \overline{w}(x,t) + w(x,t) \tag{9.9}$$

$$v_a(x,t) = \overline{v}(x,t) + v(x,t) \tag{9.10}$$

9.2.2 时变平均响应

由于输电线的固有频率远大于平均气动力随时间的变化率，在时变平均荷载作用下输电线的动态效应可以忽略不计。输电线的时变平均响应即在时变平均荷载作用下输电线每个时刻的静态响应。在时变平均荷载作用下，输电线在沿风向和垂直风向产生了新的位移 $\overline{w}(x,t)$ 和 $\overline{v}(x,t)$，输电线的轮廓线达到新的静力平衡状态 $\overline{z}(x,t)$，此时输电线端部产生的动张力表示为 $\overline{H}(t)$。

Max Irvine[193]在 1981 年提出了导线在静风荷载和自重作用下的非线性和耦合运动方程，如式(9.11)~式(9.13)所示：

$$\overline{H}(t)\frac{\mathrm{d}^2(z_0(x) + \overline{v}(x,t))}{\mathrm{d}x^2} = -mg \tag{9.11}$$

$$\overline{H}(t)\frac{\mathrm{d}^2\overline{w}(x,t)}{\mathrm{d}x^2} = -\overline{f}_D(t) \tag{9.12}$$

导线的兼容性方程为

$$\frac{(\overline{H}(t) - H_0)L_e}{EA} = \frac{mg}{H_0}\int_0^L \overline{v}(x,t)\mathrm{d}x + \frac{1}{2}\int_0^L\left(\frac{\mathrm{d}\overline{v}(x,t)}{\mathrm{d}x}\right)^2\mathrm{d}x + \frac{1}{2}\int_0^L\left(\frac{\mathrm{d}\overline{w}(x,t)}{\mathrm{d}x}\right)^2\mathrm{d}x \tag{9.13}$$

式中，E 为杨氏模量；A 为输电线的横截面积；mg 为单位长度输电线的质量；L_e 为导线的虚拟长度，约等于 L。对式(9.11)和式(9.12)两边同时进行积分后，再代入边界条件 $\overline{w}(0,t) = \overline{w}(L,t) = \overline{v}(0,t) = \overline{v}(L,t) = 0$，可得到 $\overline{w}(x,t)$ 和 $\overline{v}(x,t)$ 的表达式：

$$\overline{w}(x,t) = \frac{1}{2}\frac{\overline{f}_D(t)}{\overline{H}(t)}x(L-x) \tag{9.14}$$

$$\overline{v}(x,t) = \frac{(H_0 - \overline{H}(t))}{\overline{H}(t)}\frac{mg}{2H_0}(L-x)x \tag{9.15}$$

将式(9.14)和式(9.15)代入式(9.13)中，可得到关于 $\overline{H}(t)$ 的一元三次方程，如式(9.16)所示：

$$\overline{H}(t) - H_0 = \frac{EAL^2}{24}\left(\frac{q^2(t)}{\overline{H}^2(t)} - \frac{(mg)^2}{H_0^2}\right) \tag{9.16}$$

由此，输电线端部的三个方向的张力分量可由整个系统的静力平衡求出，即 $\overline{T}_x(t) = \overline{H}(t)$，$\overline{T}_y(t) = \int_0^L \overline{f}_D(t)\mu_y(x,t)\mathrm{d}x$，$T_z = \frac{1}{2}mgL$，其中 $\mu_y(x,t) = 1 - \frac{x}{L}$ 为

$\overline{T}_y(t)$ 的影响线函数。

9.2.3　背景响应

前文提到由于气动阻尼的影响，输电线的共振响应几乎可以忽略不计，因此本节只讨论输电线结构的背景响应。输电线的动态响应由脉动风产生，且动态响应可被认定为准静态的背景响应，计算动态响应可利用脉动风荷载的影响线函数，其具体公式如下：

$$r(t) = \int_0^L \mu(x,t) f_D(t) \mathrm{d}x \tag{9.17}$$

式中，$\mu(x,t)$ 为各方向的影响函数，表示单位脉动风荷载在该方向 x 位置处所产生的响应。就纵向动张力而言，纵向反应的影响线函数为

$$\mu_x(x,t) = \frac{x(L-x)}{\dfrac{2\overline{H}^2(t)L}{EAq(t)} + \dfrac{q(t)L^3}{6\overline{H}(t)}} \sin\overline{\theta}(t) \tag{9.18}$$

式中，$q(t) = \sqrt{(mg)^2 + \overline{f_D}^2(t)}$；$\overline{\theta}(t) = \arctan\left(\dfrac{\overline{f_D}(t)}{mg}\right)$。

将式(9.18)代入式(9.17)便可求出脉动风荷载下的纵向动张力响应。

动态响应的方差由式(9.19)计算：

$$R_V(x_1, x_2) = \int_{-\infty}^{+\infty} \mathrm{Coh}_{V0}(x_1, x_2, \omega) S_{V0}(\omega) \mathrm{d}\omega \tag{9.19}$$

$$\sigma_r^2(t) = (\rho D C_D)^2 \int_0^L \int_0^L \overline{V}(x_1,t)\overline{V}(x_2,t)\mu(x_1,t)\mu(x_2,t)R_V(x_1,x_2,t)\mathrm{d}x_1 x_2 \tag{9.20}$$

从上述公式中可以看出，动态响应的方差与输电线结构的动力特性无关。

9.2.4　总响应

输电线在风荷载作用下的总响应由时变平均响应与背景响应叠加得到，其中背景响应部分由背景响应均方根乘以峰值因子得到，即 $g_s\sigma_r(t)$。g_s 的计算公式如下：

$$g_s = (r_{\mu\max} - \overline{r}_{\max}) / \sigma_{r\max} \tag{9.21}$$

背景响应 $r(t)$ 为非平稳的高斯过程，其极值分布与极高水平的 Gumbel 分布接近，$r_{\mu\max}$ 定义为 57% 的分位值，$\overline{r}_{\max}$ 与 $\sigma_{r\max}$ 代表在风荷载作用的 T 时间范围内 $\overline{r}(t)$ 与 $\sigma_r(t)$ 的最大值，其中 $\overline{r}(t)$ 为背景响应 $r(t)$ 的时变平均值。

9.3　非等高差输电线风致响应

在实际工程应用中，地形条件的影响决定了输电线路大多会出现两端悬挂点出现高差的情况。输电线路两端高差的出现且下击暴流下竖向剖面水平风速随高度变化，会使得输电线上各点所受风荷载出现不均匀性。因此，本节将考虑输电线路的高差研究输电线在下击暴流下的风致响应。

9.3.1　非等高差输电线模型建立

均匀质量的输电线路在两端存在高差 H ，输电线路的档距为 L ，输电线两端端点 A、B 之间连线与水平方向呈 θ 夹角，称为高差角，建立的模型如图 9.2 所示。

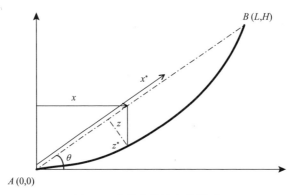

图 9.2　非等高差输电线模型

为了更方便地研究考虑高差情况下输电线的风致响应，将原有坐标轴进行变换，以 AB 连线方向为 x^* 轴，垂度方向为 z^* 轴，此时跨度方向 $x^* = x\sec\theta + z\sin\theta$ ，垂度方向 $z^* = z\cos\theta$ ，输电线档距 $L^* = L\sec\theta$ ，纵向张力 $H^* = H\sec\theta$ ，导线虚拟长度 $L_e^* = L^*[1 + (mgL^*\cos\theta / H^*)^2 / 8]$ 。在新的坐标轴体系下，输电线形状方程同样可近似看成抛物线形式。将输电线重力荷载沿新坐标轴体系分解，可得到初始状态下输电线形状方程如下：

$$z_0^* = \frac{1}{2}\frac{mg\cos\theta}{H^*}x^*(L^* - x^*)\left[1 - \frac{mg\sin\theta}{3H^*}(L^* - 2x^*)\right] \tag{9.22}$$

由于 $\dfrac{mg\sin\theta}{3H^*}$ 足够小，可将形状方程进一步简化为

$$z_0^* = \frac{1}{2}\frac{mg\cos\theta}{H^*}x^*(L^*-x^*) \tag{9.23}$$

同样将由此非等高差输电线在新的坐标轴体系下的形状方程看成标准抛物线形式。

9.3.2　风致响应

非等高差输电线的风致响应同样分解为时变平均响应与背景响应。导线在静风荷载和自重作用下的非线性和耦合运动方程变换如下：

$$\overline{H}^*(t)\frac{\mathrm{d}^2(z^*(x^*)+\overline{v}(x^*,t))}{\mathrm{d}x^{*2}}=-mg\cos\theta$$

$$\overline{H}^*(t)\frac{\mathrm{d}^2\overline{w}(x^*,t)}{\mathrm{d}x^{*2}}=-\overline{f}_D(x^*,t) \tag{9.24}$$

$$\overline{H}^*(t)\frac{\mathrm{d}^2\overline{u}(x^*,t)}{\mathrm{d}x^{*2}}=mg\sin\theta$$

对式(9.23)两边进行积分后可分别算出坐标轴各方向时变平均位移：

$$\overline{v}(x^*,t)=\frac{mg\cos\theta(H^*-\overline{H}^*(t))}{2\overline{H}^*(t)H^*}x^*(L^*-x^*)$$

$$\overline{w}(x^*,t)=\frac{1}{\overline{H}^*(t)}\int_0^{L^*}\int_0^{x^*}\left(\overline{f}_D(x^*,t)\mathrm{d}x^*\right)\mathrm{d}x^*-\int_0^{x^*}\int_0^{x^*}\left(\overline{f}_D(x^*,t)\mathrm{d}x^*\right)\mathrm{d}x^* \tag{9.25}$$

$$\overline{u}(x^*,t)=\frac{1}{2}\frac{mg\sin\theta}{\overline{H}^*(t)}x^*(L^*-x^*)$$

输电线的变形协调方程为

$$\frac{(\overline{H}^*(t)-H^*)L_e^*}{EA}=\frac{mg\cos\theta}{H^*}\int_0^{L^*}\overline{v}(x^*,t)\mathrm{d}x^*+\frac{1}{2}\int_0^{L^*}\left(\frac{\mathrm{d}\overline{v}(x^*,t)}{\mathrm{d}x^*}\right)^2\mathrm{d}x^*$$
$$+\frac{1}{2}\int_0^{L^*}\left(\frac{\mathrm{d}\overline{w}(x^*,t)}{\mathrm{d}x^*}\right)^2\mathrm{d}x^*+\int_0^{L^*}\frac{\mathrm{d}\overline{u}(x^*,t)}{\mathrm{d}x^*}\mathrm{d}x^* \tag{9.26}$$

其中输电线虚拟长度 $L_e^*=L^*[1+(mgL^*\cos\theta/H^*)^2/8]$ 可近似等于输电线档距 L^*，当输电线的高差较小时，可考虑在输电线区域范围内，风荷载在一定高度范围内，变化较小，因此 $\overline{f}_D(x,t)\approx\overline{f}_D(t)$。此时将式(9.25)代入式(9.26)中，得到关于纵向动张力的一元三次方程：

$$\bar{H}^*(t) - H^* = \frac{EAL^{*2}}{24}\left[\frac{(mg\cos\theta)^2 + \overline{f}_D^2(t)}{\bar{H}^{*2}(t)} - \frac{(mg\cos\theta)^2}{H^*}\right] \tag{9.27}$$

将该方程做无量纲处理，令 $Q^*(t) = \sqrt{(mg\cos\theta)^2 + \overline{f}_D^2(t)}$，$h^*(t) = (\bar{H}^*(t) - H^*)/H^*$，$q^*(t) = (Q(t) - mg\cos\theta)/(mg\cos\theta)$，则式(9.27)可改写为

$$h^{*3}(t) + \left(2 + \frac{\lambda^2}{24}\right)h^{*2}(t) + \left(1 + \frac{\lambda^2}{12}\right)h^*(t) - \frac{\lambda^2}{12}q^*(t)\left(1 + \frac{q^*(t)}{2}\right) = 0 \tag{9.28}$$

式中，$\lambda^2 = \dfrac{EA(mg\cos\theta L^*)^2}{H^{*3}}$ 为 Irvine 参数。

非等高差输电线的背景响应同样通过影响线函数求出，根据时变平均位移响应，分别求出各方向位移、力的影响线函数。输电线纵向动张力的影响线函数如式(9.29)所示：

$$\mu_x^*(x^*,t) = \frac{x^*(L^* - x^*)}{\dfrac{2\bar{H}^{*2}(t)L^*}{EAq^*(t)} + \dfrac{q^*(t)L^{*3}}{6\overline{H}^*(t)}}\sin\overline{\theta}^*(t) \tag{9.29}$$

纵向动张力的方差参考式(9.17)进行求解。

9.4　算例与分析

9.4.1　下击暴流风荷载

1. 竖向平均风速剖面

在计算非等高差输电线模型时，为了模拟输电线沿高度方向的风速变化，这里采用 4.3 节得到的下击暴流的竖向风剖面拟合公式(4.1)。

2. 下击暴流出流段流场发展

本节同样采用壁面射流流场发展来模拟下击暴流出流段的流场发展规律。而壁面射流流场发展的主要参考尺度分别为长度尺度和速度尺度，其中长度尺度为最大风速一半所在的竖向位置 $y_{1/2}$，速度尺度为竖向剖面最大水平风速 U_m。

1) 扩展率

大量研究发现，平面壁面射流的半高会随顺流向距离的增大而呈近似线性增大的关系，其线性增大关系用壁面扩展率即 $\mathrm{d}y_{1/2}/\mathrm{d}x$ 表示。第 2 章对平面壁面

射流扩展率的试验结果进行了分析，在考虑壁面粗糙度的条件下，图 2.19 表明了在三种出流速度，即不同雷诺数情况下，三种工况下的扩展率斜率基本吻合，且在粗糙壁面条件下，扩展率的值为 $dy_{1/2}/dx = 0.082$，在本节计算输电线模型时便采用该扩展率。

2) 竖向最大水平风速 U_m 衰减

壁面射流中竖向最大水平风速 U_m 沿顺流向的衰减可用 $(U_j/U_m)^2$ 表示，其中 U_j 为壁面射流出流速度，$(U_j/U_m)^2$ 的衰减随顺流向距离的增大呈线性增大关系。在考虑粗糙壁面条件下，第 2 章的试验中依据三种雷诺数拟合了该比值，得到粗糙壁面下该值为 0.057。为了方便计算顺流向各剖面竖向最大水平风速，将试验数据进行拟合，得到公式如下：

$$U_m = \exp\left(1.281 - \frac{1.669}{x/b} - 0.5\ln\left(\frac{x}{b}\right)\right)U_j \tag{9.30}$$

在得到壁面射流顺流向流场发展规律后，便可通过长度尺度与速度尺度的拟合公式，计算在顺流向有较大尺寸变化的结构。在本节中，即可考虑下击暴流风向角对输电线路的影响。以风向角60°为例，输电线路档距为300m，则在下击暴流顺流向长度尺度为150m。根据输电线初始状态形状方程，如式(9.1)，在确定输电线端点在顺流向的距离 r、竖向高度 z 以及该情况下模拟的壁面射流的出流速度 U_j、出流高度 b 后，结合壁面射流扩展率、式(9.1)、式(4.1)、式(9.28)，便可得到输电线上各点所受风荷载，以此计算下击暴流中风向角对输电线路响应的影响。

3. 时间调制函数

通过时间调制函数得到下击暴流的平均风速和脉动风速的时间曲线。这里采用 Holmes 等在 2000 年提出的关于下击暴流的时间经验模型，即 8.4.2 节中的调制函数 1。

4. 输电线计算参数

以输电线端点高度为 60m、跨度长度 $L = 300\text{m}$、垂度比 $d_0/L = 1/30$ 为例，该输电线均匀质量为 $m = 2.25\text{kg/m}$，直径为 $D = 0.036\text{m}$，刚度 $EA = 48.8 \times 10^3\text{kN}$，初始水平张力 $H_0 = 24.81\text{kN}$，阻力系数 $C_D = 1.0$，输电线距出流口 $r = 60b$ 处，$b = 50\text{m}$，该顺流向位置处最大风速为 60m/s，半高为 400m，此时试验中粗糙度所对应的粗糙高度约为 0.3m。

9.4.2　计算结果分析

1. 等高差工况

图 9.3 分别展示了输电线各位置在时变平均风速下 t=125s、t=164s、t=250s 的沿风向和垂直风向的位移，直观表明了风速大小对沿风向和垂直风向位移的影响。从图中可以看出，在横风向平均风荷载下，在沿风向的位移明显大于垂直风向位移即竖向位移，且在风荷载作用下，输电线被拉紧，垂度减小。

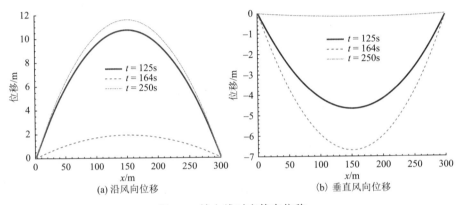

图 9.3　输电线时变静态位移

图 9.4 显示了时变平均风速下，输电线两端的侧向反应和纵向反应，而输电线两端的垂直反应不随时间发生变化，等于 $1/2mgL$。从图中可以看出纵向反应的值远大于侧向反应，由此可见在输电塔线模型中，输电线对输电塔的主要破坏方式来源于输电线的水平纵向动张力。

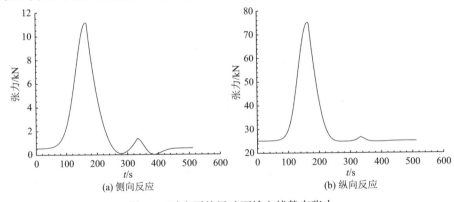

图 9.4　时变平均风速下输电线静态张力

脉动风荷载作用下的动态响应可以根据动态风荷载时程与响应的影响线函数相乘后积分得到。图 9.5 中反映了各类动态响应在不同时刻的影响函数图像，垂直风向位移和纵向反应的影响函数在每个时刻呈抛物线形式，而沿风向位移的影响函数几乎呈线性形式。而侧向反应的影响函数并不随时间发生变化，只与空间位置有关，其影响函数表达式为 $\mu_{Ty} = 1 - x/L$。

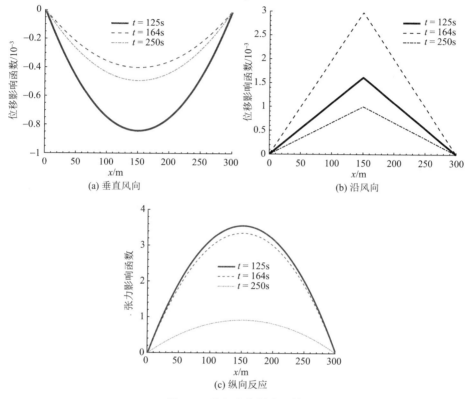

图 9.5　动态响应影响函数

　　根据各响应的影响函数分别计算了输电线中点沿风向和竖向位移的动态响应时程，如图 9.6(a)和(b)所示，与时变平均风荷载作用相似，输电线中点沿风向脉动位移幅值大于垂直风向位移幅值且两方向位移时程均保留了明显的双峰性质。图 9.6(c)和(d)则展示了脉动风荷载下输电线端点处的动态侧向及纵向响应时程，同样纵向响应占主导且在两动力时程曲线中，脉动风的第二个波峰幅值相对于位移时程明显弱化，足以说明风速大小对端部力响应的影响更大。

　　为了更好地显示脉动响应的影响作用，根据式(9.15)计算了输电线各脉动响应的均方根，如图 9.7 所示。从图中可以看出，位移均方根时程图像的双峰特性相较于端部力更为明显。将脉动响应均方根与时变平均响应的峰值进行对比，结果如表 9.1 所示，其中位移响应均取输电线最大位移位置即输电线跨中点处。由表可知，时变平均风荷载所引起的响应占输电线总响应中的比例较大，但脉动风荷载引起的输电线响应仍不可忽略。且由脉动风荷载引起的输电线端部侧向和纵向动张力在其各总响应中所占比例大于输电线中点的脉动位移响应在其各总响应中所占的比例，由此可得出脉动风荷载引起的输电线动力响应在其端部力响应方面影响更为明显。

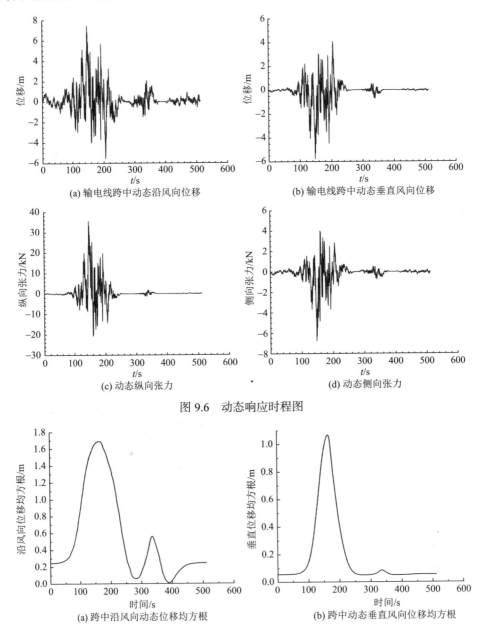

图 9.6　动态响应时程图

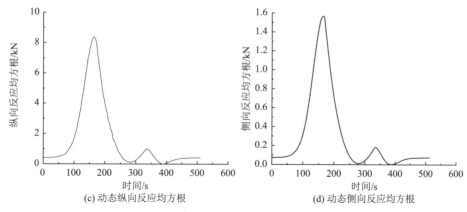

(c) 动态纵向反应均方根　　　　　　(d) 动态侧向反应均方根

图 9.7　动态响应均方根时程图

表 9.1　时变平均响应与脉动风荷载响应比较

响应类型	时变平均响应	脉动风荷载响应均方根	峰值因子	阵风响应因子
沿风向位移峰值/m	11.61	1.71	1.88	1.28
垂直风向位移峰值/m	6.74	0.93	1.81	1.25
纵向反应峰值/kN	75.68	10.76	1.77	1.25
侧向反应峰值/kN	11.22	1.57	1.85	1.26

2. 非等高差工况

在非等高差工况下，输电线档距为 300m，垂度为 10m，在同一下击暴流风场下，考虑输电线一端悬挂点依旧在 60m 高度处，另一端悬挂点高度分别为 70m、80m、90m，即高差比分别为 1/30、1/15、1/10 时，输电线在时变平均风荷载与脉动风荷载作用下的响应变化。工程中一般以 $h/L=1/15$ 为界限区别输电塔线的大小高差，因此这里均考虑了小高差与大高差的工况。由高差与跨度可算出输电线两悬挂点之间的直线距离，可发现由于输电线档距相较于高差较大，在本节考虑的输电线高差工况下，该直线距离在三种高差工况下基本一致，意味着输电线的总长度随高差的变化几乎可以忽略。由于高差角度较小，由重力分量引起的输电线端部纵向反力远小于初始张力，同样可以忽略。由等高差工况可知，输电线纵向动张力与沿风向位移对输电塔线体系影响更大，因此图 9.8 给出了纵向动张力与沿风向位移的时变平均响应与脉动方差。

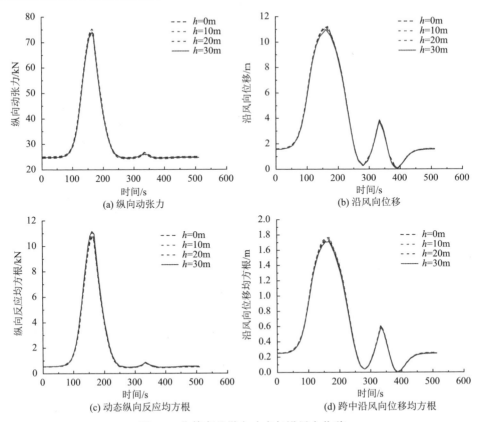

图 9.8　非等高差纵向响应与沿风向位移

图 9.8 反映了当选取该下击暴流竖向风剖面和输电线悬挂点高度时，输电线两端悬挂点高差对输电线风致响应的影响。由于在下击暴流竖向风剖面水平风速的峰值区域内，风速变化并不明显，且在最大风速高度±15m 高度范围内，风速大小变化不超过 3.0%。而本节所考虑的输电线模型正处于该高度范围内，由于沿输电线长度方向风速变化不大，输电线各类风致响应随输电线两端悬挂点高差变化较小。若改变输电线悬挂点高度，则其高差影响效果更为明显。图 9.8(a)和(b)中，时变平均风荷载作用下各高差工况的端点纵向反应和跨中位置沿风向位移基本重合，且各工况最大值的变化与高差大小之间并无明显关系。图 9.8(c)和(d)中，脉动风荷载作用下，输电线端点纵向反应均方根和跨中位置沿风向位移均方根的变化与输电线两端悬挂点高差大小呈一定的正相关关系。

9.5　本 章 小 结

本章提出了一种分析计算方法得到下击暴流作用下输电线的风致响应，主要做了以下工作：

(1) 对非平稳风荷载作用下等高差与非等高差输电线各类风致响应进行了公式推导，将输电线响应分为时变平均响应与动力响应，其中动力响应中忽略了共振响应，只考虑准静态的脉动响应。

(2) 采用壁面射流风场模拟下击暴流出流段，平均风速的竖向剖面采用第 2 章试验数据所拟合的公式；通过 Davenport 指数模型中给出的空间相干函数及 Kaimal 双边谱进行谐波叠加得到脉动风速；以 Holmes 提出的关于下击暴流的时间经验模型为例得到时变平均风速与脉动风速的时程曲线；基于准定常假定计算作用在输电线上的风荷载并进行了计算。

(3) 输电线沿风向位移和纵向反应是输电线的主要响应；相对于输电线风偏，风速大小对输电线端部反应的影响更大；当输电线结构处于下击暴流竖向风剖面风速峰值区域时，输电线高差并不会对输电线各类响应有明显的影响。由于地面粗糙度改变了下击暴流竖向风剖面，其对输电线响应的影响效果不可忽略。

第 10 章　下击暴流作用下输电线风致响应时域计算

10.1　引　　言

由于输电线是典型的非线性结构，当其受到风荷载作用产生风致响应时会产生明显的非线性特征。而在第 3 章的分析计算中无法有效地考虑结构的几何非线性，可能会使得计算结果与实际产生一定误差。而随着计算机科学技术的飞速发展，有限元计算分析软件的成熟，使用有限元采用时域的分析方法的计算效率越来越高，也更能拟合实际工程的情况。目前国内外学者利用有限元软件针对输电线路体系在常规风场下的风偏进行了一定的研究，但大多忽略了结构气动阻尼的影响[231,232]。由于下击暴流风场与常规风场有着较大的不同，本章通过模拟下击暴流时变平均风荷载及脉动风荷载，考虑输电线路的气动阻尼，使用 Newmark 逐步积分法对输电线的运动方程进行求解。基于第 3 章的研究成果，运用 ANSYS 软件建立精细的有限元输电线模型，通过静力计算结果与解析解进行对比，验证有限元模型的正确性。在考虑输电线结构的气动阻尼影响的基础上，采用时域的分析方法，研究输电线模型在下击暴流风场中的风致响应，并与解析解的结果进行对比分析。充分考虑输电线在下击暴流风场中所处位置即风向角变化引起的各类响应的改变，与常规风场模型下输电线结构风致响应进行对比，为实际工程应用提供一定的参考。

10.2　有限元模型的建立

10.2.1　输电线找形

输电线路中的导线属于典型的悬索结构，是张拉索膜结构中的一种。通常根据索的张拉受力情况，将索的受力状态分为三种，分别是放样后的无应力状态、在自重作用下的初始平衡状态以及受外荷载作用下的工作状态。且该结构就是通过依靠索的张拉性能来承受自重和外部荷载的，其垂直方向上的刚度来源于承受拉力后的应力刚化。由于悬索结构在受到张拉前处于松弛的状态，当其受到荷载作用时会发生较大的非线性位移，因此若不在悬索结构加载前对其进行结构找形，将无法准确计算分析荷载作用后产生的响应。另外，悬索结构本身除了抗拉刚度外不具有其他刚度，形状也不固定，在给定边界条件后，对索结构施加的初始应力和外部荷载需要通过调节索结构的形状来保持平衡的状态。得到悬索结构的初始状态，即确定悬索结构的初始应力和位移，实现了应力刚化后才能进行后续的分析计算。针对输电导线这种悬索结构的受拉不受压的特性，进行找形前需做以下假设：

(1) 输电线由于其档距较大，刚度可忽略，假定为理想的柔性索，在荷载作用下，不能承受弯矩和压力；

(2) 输电线截面均匀，且当输电线结构在荷载作用下发生变形时，其截面形状和大小的改变可以忽略；

(3) 输电线在受到荷载作用时仅发生弹性变形，其受拉工作符合胡克定律；

(4) 输电线所受荷载均作用在节点上，各微元段内的输电线呈直线形式。

目前针对悬索结构的找形方法主要有解析解法和非线性有限元法，国内外学者也利用力密度法、动力松弛法、能量法对该问题进行了相关研究。袁驷等[233]提出了精确单元法用于索结构的找形分析；侯景鹏等[234]运用 Newton-Raphson 迭代算法得到了架空输电线在重力荷载作用下的初始应力和位移；杨钦等[235]运用有限元软件对索结构进行了非线性找形并对找形步骤进行了详细的总结。可见在输电线的找形分析中，有限元法已经成为最为有效的途径。

有限元法中最常用的找形方法是直接迭代法和找形分析法。直接迭代法是在创建输电线模型后设定单元类型及材料属性，给模型设置很小的初应变，在模型两端施加约束，添加输电线自重后，进行网格划分形成有限元模型，在求解过程中逐步更新有限元模型，并以输电线水平张力或者跨中节点位移为收敛条件进行迭代计算，得到的迭代结果即输电线在自重作用下的初始状态。而找形分析法与直接迭代法的不同在于其会对模型设置较小的弹性模量和较大的初应变，在更新有限元模型得到线性变形后再恢复真实的弹性模量并重新给定小应变进行迭代计算得到最终的结果。这两种方法均是在 ANSYS 中逐步施加重力荷载来获取输电线的状态，两种找形方法的计算结果基本一致。本节将运用 ANSYS 使用直接迭代法对算例中的输电线模型进行找形分析，并与第 9 章假定的抛物线形式的输电线初始模型进行对比。

ANSYS 有多个可采用的符合只受拉不受压的单元类型，这里采用 Link10 单元对第 3 章中的输电线模型进行找形。Link10 单元为三维单元，只能承受轴向的压力或者拉力，且在分析过程中能保持材料的线性条件，常应用于输电线等索结构的模拟中。该单元设有一个拉压选项，当该单元受拉时，单元类型就类似于受拉刚性件，一旦受压其单元刚度便会消失，符合索单元结构对单元类型的要求。本节对第 3 章中的档距为 300m 且考虑三种高差的输电线模型进行找形分析，在这四种工况中均将输电线划分为 101 个单元，选取其中 10 个单元的位移和输电线端部水平张力为例，与分析计算中假定的抛物线形式的对应结果进行对比。输电线 ANSYS 找形结果如图 10.1 所示，对比结果如表 10.1 和表 10.2 所示。

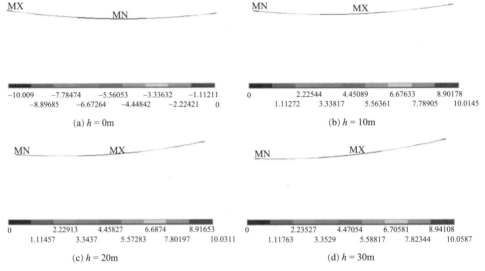

图 10.1　输电线 ANSYS 找形结果

表 10.1　输电线找形弧垂对比

节点	$h = 0\mathrm{m}$			$h = 30\mathrm{m}$		
	ANSYS 解/m	抛物线解/m	误差/%	ANSYS 解/m	抛物线解/m	误差/%
10	−3.263	−3.276	0.398	−3.230	−3.276	1.424
20	−6.148	−6.155	0.114	−6.120	−6.116	0.065
30	−8.235	−8.224	0.134	−8.282	−8.235	0.567
40	−9.522	−9.515	0.074	−9.550	−9.515	0.336
50	−10.009	−10.000	0.090	−10.059	−9.995	0.636
60	−9.683	−9.675	0.083	−9.660	−9.675	0.115
70	−8.557	−8.555	0.023	−8.514	−8.555	0.482
80	−6.629	−6.635	0.091	−6.580	−6.636	0.851
90	−3.904	−3.915	0.282	−3.864	−3.916	1.346
100	−0.381	−0.396	3.937	−0.377	−0.396	5.040

表 10.2　输电线找形水平张力对比

方法	h=0m	h=10m	h=20m	h=30m
ANSYS 解/kN	24.841	24.829	24.789	24.723
抛物线解/kN	24.840	24.840	24.839	24.837
误差/%	0.004	0.044	0.202	0.461

表 10.1 选取了高差为 30m 的工况与等高差工况进行了对比，结果发现这两种工况下，抛物线上各点弧垂与有限元找形后各点弧垂之间除了两端点处误差较大，其他位置处误差均较小。并且有高差的工况采用两种方法的误差明显高于等高差的工况结果。30m 高差工况中，两种方法的最大误差为 5.040%，也在工程可接受范围内。在表 10.2 中，考虑了三种高差和等高差四种工况，将输电线端部的水平张力在两种模型下的结果进行了对比，同样误差较小，且误差随高差的增大而增大。由此证明了采用抛物线模型简化输电线的形状方程的可适用性，但随着输电线两端高差的增大，抛物线模型与实际情况的误差将越来越大，因此抛物线模型更多地运用在小高差输电线模型上。

10.2.2　风荷载模拟

为了模拟下击暴流的风荷载，首先需要得到下击暴流的时变平均风与脉动风。与第 8 章中算例所用到的风速模型一致，采用 Holmes 提出的时间经验模型，模拟时长为 512s；时变平均风沿高度方向变化采用竖向风剖面模型，即式(4.1)，水平最大风速为 60m/s，最大风速所处高度为 60m，脉动风则通过 Davenport 指数模型中给出的空间相干函数及 Kaimal 双边谱进行谐波叠加得到；壁面扩展率采用本书试验结果为 0.082；最大速度衰减采用式(4.2)。得到时变平均风与脉动风的风速时程后，基于准定常假定计算输电线模型所受单位风荷载。

10.3　等高差工况计算结果

10.3.1　几何非线性影响

在等高差工况中，对档距300m 的输电线进行单元划分，共分为100个单元，每个单元长度为3m，共101个节点，其中第51个节点为输电线跨中位置。为了验证输电线有限元模型在外力荷载作用下响应的正确性，选取时变平均风时程中第125s、164s、250s 时风速对输电线模型进行加载，以跨中沿风向位移为比较对象，与分析方法进行对比结果如图10.2所示，取输电线跨中位置处位移进行比较如表10.3所示。

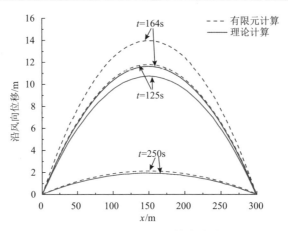

图 10.2　输电线时变静态位移

表 10.3　输电线跨中位移比较　　　　　　（单位：m）

跨中沿风向位移	$t=125s$	$t=164s$	$t=250s$
有限元计算结果	11.78	13.97	2.11
理论计算结果	10.73	11.61	1.93

　　在选取的三个时刻中，两种计算方法下，输电线跨中沿风向位移均有一定偏差。考虑输电线几何非线性的有限元计算的位移结果与理论计算的结果有所差异，并且随着风速的增大，两者结果差距逐渐增大。可见对于输电线类大跨柔性结构，其几何非线性在响应中的影响不可忽略。

10.3.2　时域计算结果

　　通过激活 ANSYS 中的大变形以及应力刚化选项来考虑输电线结构几何非线性的影响，将模拟得到的下击暴流风荷载加载到输电线有限元模型上，取风荷载与输电线结构夹角为 90°。采用无条件稳定的 Newmark 逐步积分法对输电线的运动方程进行求解，并采用 Newton-Raphson 法对计算时程中的每个时间步末尾的位移进行迭代。本节采用移动平均法对有限元时域计算进行数据分离。将计算结果进行分离处理后与解析解的时变平均响应的计算结果进行对比，结果如图 10.3 所示。

　　对于输电线的动态响应需要考虑气动阻尼的影响，在瞬态求解过程中，将本时间步输电线所受的风速减去前一时间步荷载作用后的输电线的运动速度，从而考虑结构的气动阻尼。将考虑气动阻尼与不考虑气动阻尼的计算结果进行对比，如表 10.4 所示。

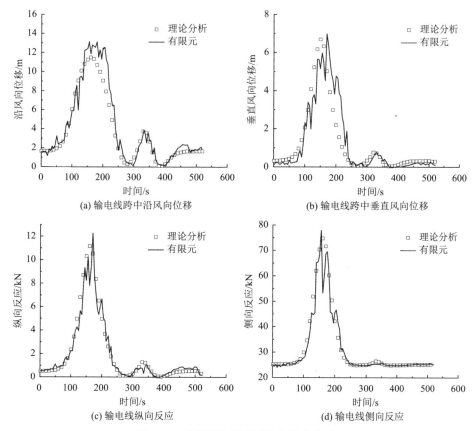

图 10.3　时变平均风速下输电线响应对比

表 10.4　气动阻尼对输电线响应的影响

参数	考虑气动阻尼	不考虑气动阻尼
沿风向位移均方根/m	1.82	2.36
垂直风向位移均方根/m	1.14	1.70
纵向反应/kN	12.51	16.38
侧向反应/kN	1.78	3.28

当 60m 高度处取时变平均风速为 20m/s、30m/s、40m/s、50m/s、60m/s 时，考虑与不考虑气动阻尼情况下输电线跨中位置处的纵向反应均方根如图 10.4 所示。

由此可以看出在输电线的风致响应计算中，对于结构的动态响应，气动阻尼的影响较大。不考虑气动阻尼的情况下会使得动态响应的计算结果偏大，且偏差大小随风速的增大而增大。在考虑气动阻尼的情况下，将下击暴流中输电线动态响应的时域计算结果与解析解结果进行对比，如图 10.5 所示。

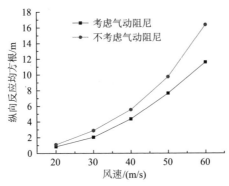

图 10.4　气动阻尼大小随风速变化关系

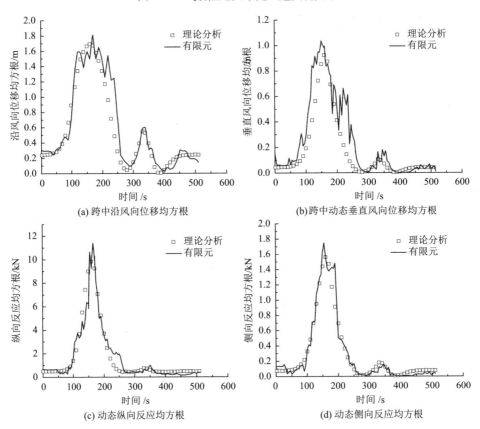

(a) 跨中沿风向位移均方根

(b) 跨中动态垂直风向位移均方根

(c) 动态纵向反应均方根

(d) 动态侧向反应均方根

图 10.5　脉动风速下输电线响应对比

　　图 10.3 和图 10.5 分别展示了输电线在时变平均风荷载与脉动风荷载作用下的时域与公式分析计算结果的对比。在计算结果中，时域响应与解析解响应在时程趋势上有着高度的一致性，在第一波峰与第二波峰处也有着较好的吻合度。由于输电线几何非线性的影响，各类响应在最大峰值处，时域与解析解的

结果均有一定的误差，但误差范围较小，最大不超过 8%，从而也验证了分析计算方法的正确性与适用性。

10.4　输电线高差的影响

第3章中采用分析计算方法计算了输电线模型一端悬挂点高度为60m，另一端高度分别为70m、80m、90m 的工况，结果发现当输电线模型处于该高度范围内时，输电线两端高差对输电线模型所受风致响应影响较小。本节同样采用时域的计算方法进行验证，各类响应峰值计算结果如表10.5所示。

表 10.5　输电线高差对各响应的影响

响应	h=0m	h=10m	h=20m	h=30m
跨中沿风向位移/m	13.79	14.34	13.88	13.61
跨中垂直风向位移/m	6.98	6.71	6.74	6.70
纵向反应/kN	78.45	78.57	77.46	77.14
侧向反应/kN	12.35	12.37	12.16	12.00
跨中沿风向位移均方根/m	1.82	1.95	2.06	2.08
跨中垂直风向位移均方根/m	1.14	1.33	1.49	1.50
纵向反应均方根/kN	12.51	12.90	12.97	13.10
侧向反应均方根/kN	1.78	1.81	1.87	1.82

从表 10.5 中可以发现，四种工况计算结果相近，且无较为明显的变化规律，与分析计算所得结论相同。前文提到下击暴流竖向风剖面的特殊性，在近地面处，风速随竖向高度变化较快，在峰值区域变化较慢，在外层区域与常规风场相近，呈指数模型增长。为了研究输电线路高差在当输电线路处于下击暴流竖向风剖面内层区域时对风致响应的影响，将输电线一端悬挂高度降低，设定为 30m，同样采用三种高差，另一端高度分别为 40m、50m、60m。以输电线跨中沿风向位移为研究对象，各工况计算的总响应结果如图 10.6 所示。

从图 10.6 中可以明显看出，由于输电线高差的存在，输电线跨中沿风向位移总响应改变，说明输电线两端高差对结构风致响应的影响与输电线结构在下击暴流中所处竖向高度紧密相关。统计对于输电线路危害最大的纵向反应与跨中沿风向位移，如表 10.6 所示。

从表 10.6 中可以看出，当最低悬挂点高度为 30m 时，输电线时变平均响应与动态响应随输电线两端悬挂点高差的变化规律与最低悬挂点高度为 60m 时完全不同。在此计算算例中，各类响应会随高差的增大而明显增大，但增长趋势越来越缓慢。这是由于随着高差的增大，输电线另一端高点越接近风剖面峰值

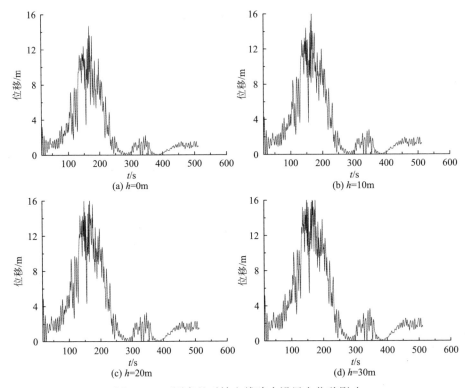

图 10.6　不同高差对输电线跨中沿风向位移影响

表 10.6　最低悬挂点高度为 30m 时高差对输电线响应影响

响应	工况			
	h=0m	h=10m	h=20m	h=30m
跨中沿风向位移/m	10.19	11.17	12.74	13.04
纵向反应/kN	48.66	60.92	65.03	65.61
跨中沿风向位移均方根/m	1.22	1.32	1.48	1.51
纵向反应均方根/kN	8.77	9.71	10.77	11.83

高度区域，风速增长越缓慢。当高差为 30m 时相对于等高差工况，输电线跨中沿风向位移增大 27.96%，沿风向位移均方根增大 23.77%；纵向反应增大 34.83%，纵向反应均方根增大 34.89%。可见当输电线路处于下击暴流竖向剖面的内层区域时，输电线路高差的存在对于输电线各类风致响应的影响程度较大；当输电线路处于竖向风剖面风速峰值区域范围时，高差的影响较小，几乎可以忽略；当输电线路处于竖向风剖面外层区域时，由于其风速增长与常规风场相似，呈指数模型增长趋势，此时高差对输电线路的影响便与常规风场中该

影响相近，且影响程度小于内层区域。

10.5　风向角的影响

研究下击暴流风场中风向角对输电线路的影响与常规风场有着较大区别。由于输电线属于大跨结构，若风荷载与输电线结构并未呈 90°，则需要考虑下击暴流风场沿输电线跨度方向上的发展变化。而描述下击暴流风场在壁面射流阶段流场发展的主要参数分为长度尺度与速度尺度。其中长度尺度采用最大风速一半所在的竖向位置 $y_{1/2}$ 或最大速度所处高度 y_m；速度尺度采用竖向风剖面最大水平风速 U_m。长度尺度与速度尺度的发展规律在第 3 章中已经有了详细介绍。根据假设的下击暴流流场发展规律，考虑四种风向角情况下，研究输电线的风致响应。具体设计工况如下：壁面射流出流高度 b 为 50m；输电线离出流口最近端点距离为 $60b$，即 3000m；$60b$ 处竖向风剖面采用与之前算例相同的半高与最大速度；风向角分别为 30°、45°、60°、90°；各风向角所对应的输电线在风场中所占顺流向距离分别约为 260m、212m、150m、0m。同样以垂直输电线平面方向的位移总响应为例，将计算结果显示如图 10.7 所示。

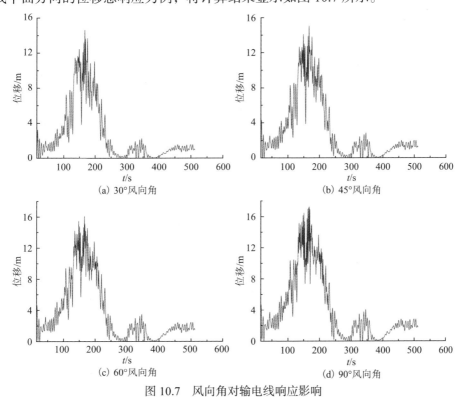

图 10.7　风向角对输电线响应影响

　　显而易见，由于风向角的存在，沿输电线平面方向的风荷载被分解，致使该方向上结构响应变小，且随风荷载与输电线夹角的减小而减小。本节为考虑下击暴流流场发展对输电线响应的影响，在 30°、45°、60°、90° 这四种角度工况下，将考虑风场沿流向变化(工况 1)与不考虑风场沿流向变化(工况 2)的计算结果进行对比，结果如表 10.7 所示。

表 10.7　风向角对输电线响应影响

响应	30°		45°		60°		90°	
	工况 1	工况 2	工况 1	工况 2	工况 1	工况 2	工况 1	工况 2
跨中沿风向位移/m	9.18	9.52	11.08	11.23	12.38	12.54	13.79	13.79
跨中垂直风向位移/m	3.80	3.95	4.54	4.65	5.14	5.20	6.98	6.98
纵向反应/kN	50.11	51.72	65.24	65.27	70.02	70.07	78.45	78.45
侧向反应/kN	7.12	7.37	8.07	8.26	11.40	11.43	12.35	12.35
跨中沿风向位移均方根/m	1.13	1.15	1.21	1.21	1.57	1.67	1.82	1.82
跨中垂直风向位移均方根/m	0.58	0.63	0.69	0.72	0.84	0.86	1.14	1.14
纵向反应均方根/kN	11.18	11.29	11.56	11.62	11.73	11.89	12.51	12.51
侧向反应均方根/kN	1.15	1.21	1.25	1.28	1.51	1.54	1.78	1.78

　　由表10.7可知，当输电线处于竖向剖面风速峰值区域范围时，考虑风场沿顺流向的发展变化时，输电线各类响应计算结果相对于不考虑风场变化时更为保守，但两种工况下计算结果十分相近。当风向角为30°时，考虑风场沿顺流向发展变化对结构响应影响最大，是由于风向角越小，输电线结构在流场径向所占距离越大，风剖面的半高与最大风速变化程度越深，作用在输电线路上风荷载沿输电线长度方向变化越明显。

　　与输电线高差对输电线响应影响效果一致，当输电线处于竖向剖面的内层区域时，相同风场变化会使得作用在位于内层区域的输电线上的风荷载变化程度更为明显，对结构响应影响更大。通过调整输电线悬挂点高度，将输电线两端悬挂点高度设定为 30m 时，发现不考虑风场发展时的结构响应会比考虑风场发展情况下的计算结果高 8%以上。

　　由于本节只考虑单跨输电线结构，输电线路跨度并不大，所以在该输电线路长度方向上，下击暴流竖向风剖面变化不太明显。当输电线路为多跨时，由于下击暴流风场变化，下击暴流与输电线路风向角的存在会使得每跨之间所受风荷载差别较大，风向角影响更为明显。

10.6　本章小结

本章考虑输电线结构的几何非线性以及风荷载作用过程中的气动阻尼，运用有限元软件计算了下击暴流作用下的输电线风致响应，主要结论如下：

(1) 采用有限元找形方法和抛物线来模拟输电线在重力作用下的初始状态的结果差异较小，但随着输电线高差的增大，两种方法的结果差异将增大。

(2) 在 ANSYS 中对输电线进行静力计算分析，由于输电线几何非线性的影响，其计算结果与解析解存在一定偏差且随风速的增大而增大。运用 ANSYS 进行瞬态分析时，输电线气动阻尼对动态响应的影响不可忽略且其影响程度同样随风速的增大而增大。

(3) 在不同竖向高度处考虑了输电线高差对结构风致响应的影响，由于下击暴流竖向风剖面形式的特殊性，当输电线位于内层区域时，输电线高差对风致响应影响较大；而当输电线位于竖向风剖面峰值区域时，高差对输电线响应影响很小；当输电线位于外层区域时，高差的影响与在常规大气边界层风场相似。

(4) 计算了四种风向角工况下对输电线结构的响应，考虑了壁面射流扩展率及最大速度衰减，得到与输电线高差影响类似的结果。

第 11 章　下击暴流作用下输电塔线体系的动力稳定性分析

11.1　引　　言

输电塔线系统在电力输送中起着至关重要的作用，下击暴流对输电塔的破坏作用比传统大气边界层风场的破坏作用要显著得多，并且输电线对输电塔的影响不容忽视。虽然研究人员对下击暴流对输电塔的影响进行了大量的研究，但对下击暴流对输电塔及输电线路系统的动力稳定性的研究却很少。为研究下击暴流对输电塔线体系动态稳定性的影响，在已有研究的基础上，利用 ANSYS 对不同强度水平脉动风激励下输电塔和输电塔线体系进行非线性屈曲分析和时程分析，研究输电塔线体系的非线性稳定性。

11.2　输电塔线体系有限元模拟

11.2.1　输电塔线模型

本节采用 ANSYS 进行有限元建模，输电塔有限元模型如图 11.1 所示。输电塔线体系有限元模型如图 11.2 所示。输电塔具有较强的几何非线性，因此采用 BEAM188 单元对输电塔构件进行数值模拟。BEAM188 支持 L 型薄壁的翘曲。输电塔主要承受导线的垂直荷载，绝缘子串与输电塔铰接。在输电线振荡时有一定的悬垂效应，在建模时将绝缘子串简化为柔索，由 LINK10 单元对其进行模拟。本研究未考虑绝缘子的损伤，故绝缘子材料的本构模型选用理想弹性模型。在使用 ANSYS 进行数值模拟时，为减少运算量，将导线的模型根据拉伸刚度等效进行简化，均采用单根导线进行模拟。由于导线两相邻悬挂点的距离很大，侧向刚度很小，故忽略其侧向刚度，在建模时将导线简化为只承受轴向张力的柔索，采用 LINK10 单元进行模拟。塔体主材和横担主材采用 Q345 钢材，塔体斜材及其他辅助材料采用 Q235 钢材，整个输电塔线体系共划分 1332 个单元，产生 1664 个节点。对输电塔底部和输电线路两端的四个节点的所有自由度进行约束。本研究未考虑基础与输电塔线结构的相互作用。

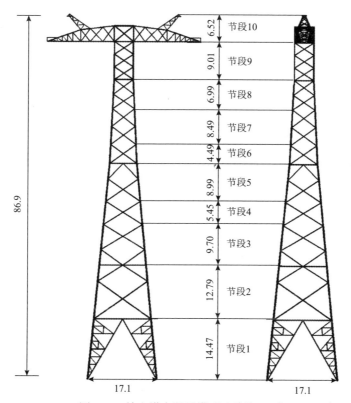

图 11.1　输电塔有限元模型（单位：m）

图 11.2　输电塔线体系有限元模型

11.2.2　塔线风荷载

本章仍然采用 8.4.3 节所述下击暴流风速时程，基于准稳态假设，根据 ASCE 荷载准则，作用在输电塔上的下击暴流风横向和纵向风荷载可表示为

$$\begin{cases} F_x = 0.5\rho U^2 \cos^2 \varphi C_{ft} A_t \\ F_y = 0.5\rho U^2 \sin^2 \varphi C_{ft} A_t \end{cases} \tag{11.1}$$

式中，ρ 为空气密度；U 为下击暴流风速；φ 为风攻角；C_{ft} 为风力系数；A_t 为输电塔迎风面积。

导线的风荷载可表示为

$$F_c = 0.5\rho U^2 \cos^2 \varphi C_f A_c \tag{11.2}$$

式中，C_{ft} 为风力系数，ASCE 指南推荐值为 1.0；A_c 为导线迎风面积。

11.2.3　稳定性准则

目前普遍采用能量准则对弹性结构进行稳定性判别[236]。该方法主要由机械系统的总势能来实现，若总势能 Π 达到最小值，那么结构就处于稳定状态，具体从数学方面考虑就是判别总势能 Π 二阶变分的正负。若 $\delta^2\Pi>0$，则结构处于稳定状态；若 $\delta^2\Pi=0$，则结构处于临界状态；若 $\delta^2\Pi<0$，则结构处于失稳状态。将结构连续系统离散化而成为有限单元的集合体，则其系统的总势能可表示为

$$\Pi = \sum_{i=1}^{n} \left\{ \frac{1}{2} \int_v \varepsilon^{\mathrm{T}} D\varepsilon \mathrm{d}v - u^i \overline{F} \lambda_0^i \right\} \tag{11.3}$$

式中，n 为单元总数；u 为满足结构平衡的位移；$\overline{F}$ 为荷载参数。

总势能 Π 二阶变分经整理得到

$$\delta^2 \Pi == \frac{1}{2} \delta u^{\mathrm{T}} K_T \delta u \tag{11.4}$$

由式(11.4)可知，结构切线刚度矩阵的正负等价于结构总势能 Π 的正负，因此可以通过切线刚度矩阵的正负来判断结构的稳定性。能量准则在简单荷载激励下的自由度较少的简单结构中能够得到精确的稳定分界点，但是得到输电塔这种空间大型结构在复杂荷载作用下每个时程的切线刚度矩阵是较为困难的。因此，本节使用 Budiansky-Roth 准则和动态增量法对输电塔线结构进行动力稳定性分析。针对球壳的跳变屈曲问题，Budiansky-Roth 准则是 Budiansky 等[237]在研究球壳跳跃屈曲问题时提出的，他们认为如果某个结构因微小荷载增量而产生较大的变形，那么可判断结构发生屈曲。动态增量法最早应用于多层框架结构上，该方法是通过在结构上施加不同强度的动力荷载，得到相应荷载参数

下的结构特征响应，并通过研究荷载参数与结构特征响应之间的关系来判断结构的动力稳定性。

11.3　输电塔线系统动态稳定性分析

下击暴流与大气边界层的风场不同，下击暴流风速的大小和方向都在随着时间变化。下击暴流风速在风暴移动过程中有两个峰值，且两个峰值远大于大气边界层(atmospheric boundary layer，ABL)风场的平均风速。本节首先比较下击暴流风场和 ABL 风场下输电塔的位移和加速度响应；然后比较输电塔线体系在不同风攻角下的下击暴流响应，给出最不利的风攻角；接着给出不同下击暴流参数作用下输电塔的位移响应；最后讨论下击暴流作用下输电塔和输电塔线系统的稳定性。

11.3.1　下击暴流和 ABL 风荷载作用下输电塔线系统响应分析

图 11.3 和图 11.4 分别给出了 ABL 风荷载和下击暴流两种不同基本风速作用下输电塔和输电线路系统的位移。在图 11.3 中，基本风速 U_{10} 为 60m/s，使得 ABL 风荷载能够在塔顶达到与下击暴流相同的最大风速。ABL(U_{10}=60m/s)风-塔线体系最大位移为 1.53m，是 ABL(U_{10}=60m/s)风-单塔的 1.88 倍，是下击暴流-塔线体系的 1.50 倍。可以看出，当基本风速 U_{10} 为 60m/s 时，ABL 风荷载对输电塔的破坏性更大。但这种情况下的基本风速 U_{10}=60m/s 在工程应用中很少出现。图 11.4 中，根据《110kV~750kV 架空输电线路设计规范》[238]，输电塔线体系设计基本风速 U_{10} 取 30m/s。下击暴流-单塔的最大位移为 0.44m，是 ABL(U_{10}=30m/s)

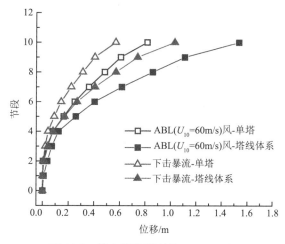

图 11.3　输电塔位移对比(U_{10}=60m/s)

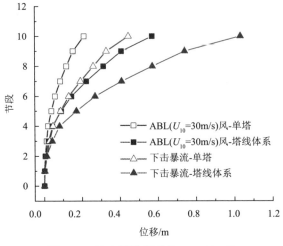

图 11.4　输电塔位移对比(U_{10}=30m/s)

风-单塔的 2.11 倍。下击暴流-塔线体系的最大位移为 1.03m，是 ABL(U_{10}=30m/s)风-塔线体系的 1.83 倍。下击暴流-塔线体系中最大位移是下击暴流-单塔中最大位移的 2.34 倍；ABL(U_{10}=30m/s)风-塔线体系中最大位移为 0.56m，是 ABL(U_{10}=30m/s)风-单塔中最大位移的 2.71 倍。通过以上对比分析可以得出，导线对输电塔位移响应的影响不可忽略；当采用输电塔设计规范中的基本风速(U_{10}=30m/s)时，下击暴流作用下输电塔的位移响应远大于 ABL 风荷载作用下的位移响应。

图 11.5 和图 11.6 显示了下击暴流风荷载和 ABL 风荷载作用下输电塔顶的加速度响应。可以看出，塔顶加速度响应时程与位移时程有对应的峰值，且存在两个相对峰值。下击暴流作用下的加速度在 100~250s 有较大的波动区域。在 t= 150s

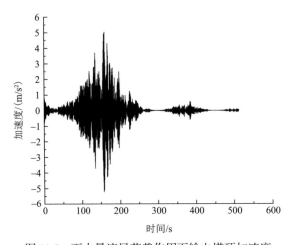

图 11.5　下击暴流风荷载作用下输电塔顶加速度

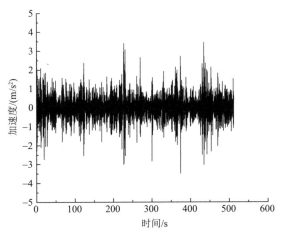

图 11.6　ABL 风荷载作用下输电塔顶加速度

左右出现加速度峰值，约为 5.03m/s^2，加速度时程出现第二个峰值，波动幅度小于第一个峰值。ABL 风荷载作用下的峰值加速度约为 3.19m/s^2。因此，下击暴流风荷载引起的输电塔加速度的短期增加可能会对输电塔线体系造成破坏。

11.3.2　输电塔线系统在不同风攻角下的响应

为了分析不同风攻角下输电塔的响应，对输电塔线体系进行了不同风攻角下的动力时程分析。通过时程分析，分别得到了 0°、30°、45°、60°、75°和 90°下击暴流作用下输电塔线体系的动力响应结果。图 11.7 是风攻角示意图。图 11.8 和图 11.9 分别为不同塔高下，在不同风攻角脉动风作用下输电塔线体系 y 方向(90°风攻角)

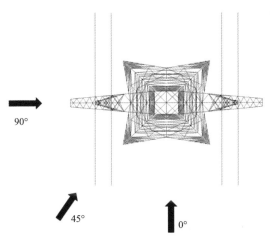

图 11.7　风攻角示意图

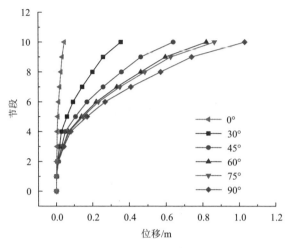

图 11.8 塔顶 y 方向位移对比

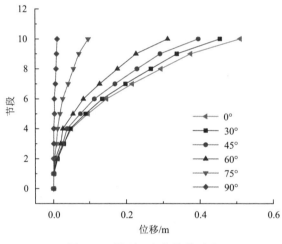

图 11.9 塔顶 x 方向位移对比

和 x 方向(0°风攻角)塔顶位移响应。当输电塔线系统离地面高度不变时，随着风攻角从 0°到 90°，输电塔线系统 y 方向位移逐渐增大，在风攻角为 90°时达到最大。此时输电塔与导体之间的耦合效应显著。导线增加了迎风面积，并通过绝缘子将风荷载传递给输电塔，使输电塔在下击暴流作用下的位移大大增加，此时位移响应也达到最大值。在 0°攻角时，x 方向的位移达到最大。输电塔线体系 y 方向位移大于 x 方向位移。因此，90°的攻角对输电塔线系统最不利。

11.3.3 最大风速高度下击暴流对输电塔线系统响应的影响

为了进一步研究下击暴流风荷载对输电塔线体系的影响，可以采用不同的

Z_{max} 值来模拟不同的下击暴流风荷载。图 11.10 是对于不同 Z_{max} 取值的 Vicory 模型。由图 11.11 可以看出，当 Z_{max} 为 10～70m 时，随着 Z_{max} 的增加，输电塔顶点的最大位移也是不断上升，在 70m 处到达最大值，然后开始迅速减小，这是因为当 Z_{max}=70m 时，非常接近输电塔的塔高。当 Z_{max}=90m 时，最大风速没有出现在输电塔高度范围内，导致输电塔位移减小。当 Z_{max}=10～60m 时，下击暴流最大风速虽然出现在输电塔高度范围内，但位置较低，风速在 Z_{max} 以上衰减很快，所以最大风速越高的位置，输电塔的位移越大。因此，可以得出当 Z_{max} 在输电塔高度范围内，Z_{max} 对输电塔位移的影响增大；当 Z_{max} 超出塔体范围时，对输电塔位移的影响减小。

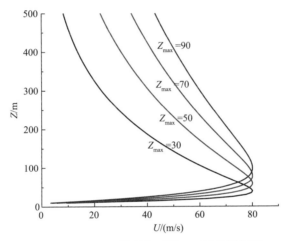

图 11.10　Vicory 模型在不同 Z_{max} 下的风剖面

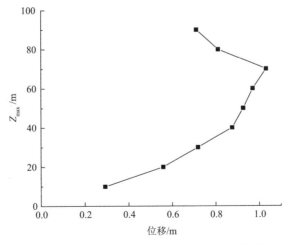

图 11.11　不同 Z_{max} 下击暴流下顶点最大位移

11.3.4 输电塔与输电塔线系统稳定性比较分析

在前文对输电塔线体系进行下击暴流风荷载计算时，U_{max}取为80m/s，基于材料的线性假设，输电塔在该强度下的下击暴流作用下会发生屈服破坏，为得到结构在各级风荷载的特征响应，考虑材料的非线性，用谐波叠加法模拟了最大平均风速分别为40～80m的输电塔各分段高度处的脉动风速时程，通过ANSYS对结构在各级模拟风速下512s的时程响应进行了分析，导出塔顶位移时程曲线，通过比较得到最大位移值，图11.12即输电塔位移响应中顶点位移的最大值以及对应风速的关系曲线。

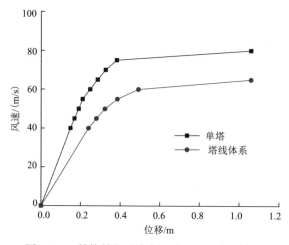

图 11.12　结构特征响应与相应风速的关系曲线

由图11.12可以看出，当 U_{max}=75m/s 时，输电塔顶部最大位移为0.38m。在继续对结构进行 U_{max}=80m/s 的下击暴流作用下的时程分析时，使用 ANSYS 进行148s 的计算，输电塔位移达到1.05m。此时，有限元计算结果不收敛。输电塔在 U_{max}=75m/s 与 U_{max}=80m/s 对应下的下击暴流风荷载作用下，U_{max}-位移曲线接近水平，根据动态增量法可知，输电塔在 U_{max}=80m/s 条件下发生动力失稳。根据 Budiansky-Roth 准则，结构在微小的荷载增量下发生剧烈响应，则可以判定结构已经发生动力失稳。图11.13和图11.14为 U_{max}=60m/s 和 U_{max}=65m/s 下击暴流作用下输电塔线系统的位移时程。极值出现在150s 左右，与下击暴流风速时程相似。同样可以看出，塔线系统在 U_{max}=65m/s 的下击暴流作用下发生动态失稳，导线大大降低了输电塔的稳定性。

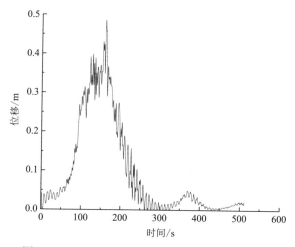

图 11.13　60m/s 下击暴流作用下输电塔位移时程

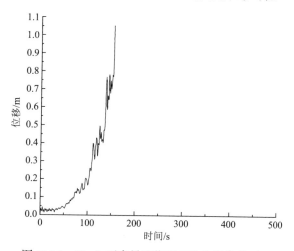

图 11.14　65m/s 下击暴流作用下输电塔位移时程

11.4　本章小结

　　本章基于 ANSYS 的非线性屈曲分析和时程分析模块，采用 Budiansky-Roth 准则和动力增量法对输电塔线体系在下击暴流作用下的动力稳定性进行了研究，结论如下：

　　(1) 基本风速 U_{10} 根据输电塔设计规范取 30m/s 时，通过比较两种风场作用下单塔和输电塔线体系的位移，发现下击暴流作用下单塔最大位移是 ABL 风场作用下的 2.11 倍，下击暴流作用下输电塔线体系最大位移是 ABL 风场作用下的 1.83 倍。另外，下击暴流作用下的峰值加速度是 ABL 风作用下的 1.58 倍，这对输电塔非常不利。具体的数值结果表明,下击暴流具有极大的破坏性。

(2) 在 90°风攻角下,输电线路增加了迎风面积,使得整个输电线路系统在下击暴流作用下,输电塔 y 方向的塔顶位移显著高于其他风攻角下的塔顶位移。结果表明,90°风攻角是输电塔线体系最不利的风攻角。在 0°风攻角作用下,输电塔的 x 方向位移最大。

(3) 当 Z_{max} 在输电塔的高度范围内时,Z_{max} 增加对输电塔较为不利,当 Z_{max} 大于输电塔高度时,Z_{max} 的增加对输电塔有利。

(4) 下击暴流对输电塔的稳定性危害极大,单塔在 U_{max}=80m/s 的下击暴流作用下发生动力失稳;塔线体系在 U_{max}=65m/s 的下击暴流作用下发生动力失稳,下击暴流对输电塔线体系的稳定性具有巨大的破坏性,在输电塔风荷载的设计中不可忽略。

参 考 文 献

[1] Proctor F H. Numerical simulations of an isolated microburst. Part I: Dynamics and structure[J]. Journal of the Atmospheric Sciences, 1988, 45(21): 3137-3160.

[2] Fujita T T. The downburst: Microburst and macroburst: Report of projects NIMROD and JAWS: NO.210[R]. Chicago: University of Chicago, 1985.

[3] Dempsey D, White H B. Winds wreak havoc on lines[J]. Transmission and Distribution World, 1996, 48(6): 32-37.

[4] Elawady A, Aboshosha H, El Damatty A, et al. Aero-elastic testing of multi-spanned transmission line subjected to downbursts[J]. Journal of Wind Engineering and Industrial Aerodynamics, 2017, 169: 194-216.

[5] Hawes H, Dempsey D. Review of recent Australian transmission line failures due to high intensity winds[R]. Buenos Aires: The Electrical Transmission Authority of New South Wales, 1993.

[6] 王振国, 刘黎, 周啸宇, 等. 一起下击暴流导致 500kV 输电线路倒塔事故原因分析[J]. 浙江电力, 2021, 40(11): 16-22.

[7] Fu D J, Yang F L, Li Q H, et al. Simulations for tower collapses of 500kV Zhengxiang transmission line induced by the downburst[C]. International Conference on Power System Technology, Hangzhou, 2010: 1-6.

[8] Melbourne W H. Modeling of structures to measure wind effects[C]. Proceedings Structural Models Conferene, Sydney, 1972: 1-4.

[9] Hjelmfelt M R. Structure and life cycle of microburst outflows observed in Colorado[J]. Journal of Applied Meteorology, 1988, 27(8): 900-927.

[10] Fujita T T, Wakimoto R M. Five scales of airflow associated with a series of downbursts on 16 July 1980[J]. Monthly Weather Review, 1981, 109(7): 1438-1456.

[11] Orwig K D, Schroeder J L. Near-surface wind characteristics of extreme thunderstorm outflows[J]. Journal of Wind Engineering and Industrial Aerodynamics, 2007, 95(7): 565-584.

[12] Choi E C C. Field measurement and experimental study of wind speed profile during thunderstorms[J]. Journal of Wind Engineering and Industrial Aerodynamics, 2004, 92(3-4): 275-290.

[13] Solari G, Repetto M P, Burlando M, et al. The wind forecast for safety management of port areas[J]. Journal of Wind Engineering and Industrial Aerodynamics, 2012, 104-106: 266-277.

[14] Solari G, de Gaetano P. Dynamic response of structures to thunderstorm outflows: Response spectrum technique vs time-domain analysis[J]. Engineering Structures, 2018, 176: 188-207.

[15] Lombardo F T, Smith D A, Schroeder J L, et al. Thunderstorm characteristics of importance to wind engineering[J]. Journal of Wind Engineering and Industrial Aerodynamics, 2014, 125:

121-132.

[16] Gunter W S, Schroeder J L. High-resolution full-scale measurements of thunderstorm outflow winds[J]. Journal of Wind Engineering and Industrial Aerodynamics, 2015, 138: 13-26.

[17] Proctor F H. The terminal area simulation system. Volume 1: Theoretical formulation: DOT/FAA-PM-86/50-VOL-1[R]. Hampton: NASA, 1987.

[18] Oseguera R M, Bowles R L. A simple, analytic 3-dimensional downburst model based on boundary layer stagnation flow: NASA Technical Memorandum 100632[R]. Hampton: National Aeronautics and Space Administration, 1988.

[19] Vicroy D D. Assessment of microburst models for downdraft estimation[J]. Journal of Aircraft, 1992, 29(6): 1043-1048.

[20] Wood G S, Kwok K C S, Motteram N A, et al. Physical and numerical modelling of thunderstorm downbursts[J]. Journal of Wind Engineering and Industrial Aerodynamics, 2001, 89(6): 535-552.

[21] Li C, Li Q S, Xiao Y Q, et al. A revised empirical model and CFD simulations for 3D axisymmetric steady-state flows of downbursts and impinging jets[J]. Journal of Wind Engineering and Industrial Aerodynamics, 2012, 102: 48-60.

[22] 邹鑫, 汪之松, 李正良. 稳态雷暴冲击风风速剖面模型研究[J]. 振动与冲击, 2016, 35(15): 74-79.

[23] Letchford C W, Mans C, Chay M T. Thunderstorms—Their importance in wind engineering (a case for the next generation wind tunnel)[J]. Journal of Wind Engineering and Industrial Aerodynamics, 2002, 90(12-15): 1415-1433.

[24] Holmes J D, Oliver S E. An empirical model of a downburst[J]. Engineering Structures, 2000, 22(9): 1167-1172.

[25] Chen L Z, Letchford C W. A deterministic-stochastic hybrid model of downbursts and its impact on a cantilevered structure[J]. Engineering Structures, 2004, 26(5): 619-629.

[26] Chay M T, Albermani F, Wilson R. Numerical and analytical simulation of downburst wind loads[J]. Engineering Structures, 2006, 28(2): 240-254.

[27] Lundgren T S, Yao J, Mansour N N. Microburst modelling and scaling[J]. Journal of Fluid Mechanics, 1992, 239(1): 461-488.

[28] Yao J, Lundgren T S. Experimental investigation of microbursts[J]. Experiments in Fluids, 1996, 21(1): 17-25.

[29] Alahyari A, Longmire E K. Dynamics of experimentally simulated microbursts[J]. AIAA Journal, 1995, 33(11): 2128-2136.

[30] Letchford C, Illidge G C. Turbulence and topographic effects in simulated thunderstorm downdrafts by wind tunnel jet[C]. Wind Engineering into the 21 Century. The International Association for Wind Engineering, Copenhagen, 1999: 1-4.

[31] Chay M T, Letchford C W. Pressure distributions on a cube in a simulated thunderstorm downburst—Part A: Stationary downburst observations[J]. Journal of Wind Engineering and Industrial Aerodynamics, 2002, 90(7): 711-732.

[32] Xu Z Y, Hangan H. Scale, boundary and inlet condition effects on impinging jets[J]. Journal of

Wind Engineering and Industrial Aerodynamics, 2008, 96(12): 2383-2402.

[33] Mason M S. Pulsed jet simulation of thunderstorm downbursts[D]. Lubbock: Texas Tech University, 2003.

[34] Mason M S, Wood G S, Fletcher D F. Influence of tilt and surface roughness on the outflow wind field of an impinging jet[J]. Wind and Structures, 2009, 12(3): 179-204.

[35] Letchford C W, Chay M T. Pressure distributions on a cube in a simulated thunderstorm downburst. Part B: Moving downburst observations[J]. Journal of Wind Engineering and Industrial Aerodynamics, 2002, 90(7): 733-753.

[36] 陈勇, 柳国光, 徐挺, 等. 运动雷暴冲击风水平风速时程分析及现象模型[J]. 同济大学学报(自然科学版), 2012, 40(01): 22-26, 44.

[37] 邹鑫. 雷暴冲击风风场及其高层建筑风荷载特性研究[D]. 重庆: 重庆大学, 2016.

[38] 王嘉伟. 雷暴冲击风风场特性及其对输电线路的作用研究[D]. 杭州: 浙江大学, 2016.

[39] 汪之松, 方智远, 刘亚南. 雷暴冲击风作用下坡地坡度对高层建筑风压的影响[J]. 西南交通大学学报, 2017, 52(5): 893-901.

[40] Sengupta A, Sarkar P P. Experimental measurement and numerical simulation of an impinging jet with application to thunderstorm microburst winds[J]. Journal of Wind Engineering and Industrial Aerodynamics, 2008, 96(3): 345-365.

[41] McConville A C, Sterling M, Baker C J. The physical simulation of thunderstorm downbursts using an impinging jet[J]. Wind and Structures, 2009, 12(2): 133-149.

[42] 方智远. 考虑移动效应的下击暴流风场及高层建筑风荷载特性研究[D]. 重庆: 重庆大学, 2017.

[43] Lin W E, Savory E. Large-scale quasi-steady modelling of a downburst outflow using a slot jet[J]. Wind and Structures, 2006, 9(6): 419-440.

[44] Lin W E, Orf L G, Savory E, et al. Proposed large-scale modelling of the transient features of a downburst outflow[J]. Wind and Structures, 2007, 10(4): 315-346.

[45] Lin W E, Savory E, McIntyre R P, et al. The response of an overhead electrical power transmission line to two types of wind forcing[J]. Journal of Wind Engineering and Industrial Aerodynamics, 2012, 100(1): 58-69.

[46] 段旻, 谢壮宁, 石碧青. 下击暴流风场的大气边界层风洞模拟研究[J]. 建筑结构学报, 2012, 33(3): 126-131.

[47] Lin W E, Savory E. Physical modelling of a downdraft outflow with a slot jet[J]. Wind and Structures, 2010, 13(5): 385-412.

[48] 日本建筑学会. 建筑风荷载流体计算指南[M]. 孙瑛, 孙晓颖, 曹曙阳, 译. 北京: 中国建筑工业出版社, 2010.

[49] Hadžiabdic M, Hanjalić K. Vortical structures and heat transfer in a round impinging jet[J]. Journal of Fluid Mechanics, 2008, 596(1): 221-260.

[50] Panneer Selvam R, Holmes J D. Numerical simulation of thunderstorm downdrafts[J]. Journal of Wind Engineering and Industrial Aerodynamics, 1992, 44(1-3): 2817-2825.

[51] Nicholls M E, Roger P S, Robert M. Large eddy simulation of microburst winds flowing around a building[J]. Journal of Wind Engineering and Industrial Aerodynamics, 1993, 46: 229-237.

[52] Kim J, Hangan H. Numerical simulations of impinging jets with application to downbursts[J]. Journal of Wind Engineering and Industrial Aerodynamics, 2007, 95(4): 279-298.

[53] Shehata A Y, El Damatty A A, Savory E. Finite element modeling of transmission line under downburst wind loading[J]. Finite Elements in Analysis and Design, 2005, 42(1): 71-89.

[54] Mason M S, Wood G S, Fletcher D F. Numerical investigation of the influence of topography on simulated downburst wind fields[J]. Journal of Wind Engineering and Industrial Aerodynamics, 2010, 98(1): 21-33.

[55] Abd-Elaal E S, Mills J E, Ma X. A coupled parametric-CFD study for determining ages of downbursts through investigation of different field parameters[J]. Journal of Wind Engineering and Industrial Aerodynamics, 2013, 123: 30-42.

[56] Abd-Elaal E S, Mills J E, Ma X. Numerical simulation of downburst wind flow over real topography[J]. Journal of Wind Engineering and Industrial Aerodynamics, 2018, 172: 85-95.

[57] Aboshosha H, Bitsuamlak G, El Damatty A. Turbulence characterization of downbursts using LES[J]. Journal of Wind Engineering and Industrial Aerodynamics, 2015, 136: 44-61.

[58] Anderson J R, Orf L G, Straka J M. A 3-D modelsyystem for simulating thunderstorm microburst outflows[J]. Meteorology and Atmospheric Physics, 1992, 49(1-4): 125-131.

[59] Orf L G, Anderson J R, Straka J M. A three-dimensional numerical analysis of colliding microburst outflow dynamics[J]. Journal of the Atmospheric Sciences, 1996, 53(17): 2490-2511.

[60] Mason M S, Wood G S, Fletcher D F. Numerical simulation of downburst winds[J]. Journal of Wind Engineering and Industrial Aerodynamics, 2009, 97(11-12): 523-539.

[61] Vermeire B C, Orf L G, Savory E. A parametric study of downburst line near-surface outflows[J]. Journal of Wind Engineering and Industrial Aerodynamics, 2011, 99(4): 226-238.

[62] Vermeire B C, Orf L G, Savory E. Improved modelling of downburst outflows for wind engineering applications using a cooling source approach[J]. Journal of Wind Engineering and Industrial Aerodynamics, 2011, 99(8): 801-814.

[63] Zhang Y, Hu H, Sarkar P P. Modeling of microburst outflows using impinging jet and cooling source approaches and their comparison[J]. Engineering Structures, 2013, 56: 779-793.

[64] Oreskovic C, Savory E, Porto J, et al. Evolution and scaling of a simulated downburst-producing thunderstorm outflow[J]. Wind and Structures, 2018, 26(3): 147-161.

[65] Wygnanski I, Katz Y, Horev E. On the applicability of various scaling laws to the turbulent wall jet[J]. Journal of Fluid Mechanics, 1992, 234(1): 669-690.

[66] Zhou M D, Wygnanski I. Parameters governing the turbulent wall jet in an external stream[J]. AIAA Journal, 1993, 31(5): 848-853.

[67] Eriksson J G, Karlsson R I, Persson J. An experimental study of a two-dimensional plane turbulent wall jet[J]. Experiments in Fluids, 1998, 25(1): 50-60.

[68] Rostamy N, Bergstrom D J, Deutscher D, et al. An experimental study of a plane turbulent wall jet using LDA[C]. Proceedings of the 6th International Symposium on Turbulence, Heat and Mass Transfer, Rome, 2009: E-0088.

[69] Tachie M F, Balachandar R, Bergstrom D J. Low Reynolds number effects in open-channel

turbulent boundary layers[J]. Experiments in Fluids, 2003, 34(5): 616-624.

[70] Smith B S. Wall jet boundary layer flows over smooth and rough surfaces[D]. Blacksburg: Virginia Polytechnic Institute and State University, 2008.

[71] Rostamy N, Bergstrom D J, Sumner D, et al. An experimental study of a turbulent wall jet on smooth and transitionally rough surfaces[J]. Journal of Fluids Engineering, 2011, 133(11): 111207.

[72] Dunn M. An experimental study of a plane turbulent wall jet using particle image velocimetry[D]. Saskatoon: University of Saskatchewan, 2010.

[73] Tang Z. An experimental study of a plane turbulent wall jet on smooth and rough surfaces[D]. Saskatoon: University of Saskatchewan, 2016.

[74] McIntyre R P. The effect of inlet geometry on the development of a plane wall jet[D]. London: University of Western Ontario, 2011.

[75] 徐惊雷, 徐忠, 肖敏, 等. 冲击射流的研究概述[J]. 力学与实践, 1999, 21(6): 8-17.

[76] Launder B E, Rodi W. The turbulent wall jet measurements and modeling[J]. Annual Review of Fluid Mechanics, 1983, 15: 429-459.

[77] Pajayakrit P, Kind R J. Assessment and modification of two-equation turbulence models[J]. AIAA Journal, 2000, 38(6): 955-963.

[78] Tangemann R, Gretler W. Numerical simulation of a two-dimensional turbulent wall jet in an external stream[J]. Forschung im Ingenieurwesen, 2000, 66(1): 31-39.

[79] Klinzing W P, Sparrow E M. Evaluation of turbulence models for external flows[J]. Numerical Heat Transfer, Part A: Applications, 2009, 55(3): 205-228.

[80] Tsai Y S, Hunt J C R, Nieuwstadt F T M, et al. Effect of strong external turbulence on a wall jet boundary layer[J]. Flow, Turbulence and Combustion, 2007, 79(2): 155-174.

[81] Balabel A, El-Askary W A. On the performance of linear and nonlinear turbulence models in various jet flow applications[J]. European Journal of Mechanics—B/Fluids, 2011, 30(3): 325-340.

[82] Khosronejad A, Rennie C D. Three-dimensional numerical modeling of unconfined and confined wall-jet flow with two different turbulence models[J]. Canadian Journal of Civil Engineering, 2010, 37(4): 576-587.

[83] Tangemann R, Gretler W. The computation of a two-dimensional turbulent wall jet in an external stream[J]. Journal of Fluids Engineering, 2001, 123(1): 154-157.

[84] Naqavi I Z, Tyacke J C, Tucker P G. A numerical study of a plane wall jet with heat transfer[J]. International Journal of Heat and Fluid Flow, 2017, 63: 99-107.

[85] Naqavi I Z, Tyacke J C, Tucker P G. Direct numerical simulation of a wall jet: Flowphysics[J]. Journal of Fluid Mechanics, 2018, 852: 507-542.

[86] Ahlman D, Brethouwer G, Johansson A V. Direct numerical simulation of a plane turbulent wall-jet including scalar mixing[J]. Physics of Fluids, 2007, 19(6): 065102.

[87] Rodi W. DNS and LES of some engineering flows[J]. Fluid Dynamics Research, 2006, 38(2-3): 145-173.

[88] Wilcox D C. Turbulence Modeling for CFD[M]. 3rd ed. La Canada: DCW Industries, 2006.

[89] Dejoan A, Leschziner M A. Large eddy simulation of a plane turbulent wall jet[J]. Physics of Fluids, 2005, 17(2): 025102.

[90] Naqavi I Z, Tucker P G, Liu Y. Large-cddy simulation of the interaction of wall jets with external stream[J]. International Journal of Heat and Fluid Flow, 2014, 50: 431-444.

[91] Banyassady R, Piomelli U. Interaction of inner and outer layers in plane and radial wall jets[J]. Journal of Turbulence, 2015, 16(5): 460-483.

[92] Tornstrom T, Moshfegh B. RSM predictions of 3-D turbulent cold wall jets[J]. Progress in Computational Fluid Dynamics An International Journal, 2006, 6(1): 110-121.

[93] Bradshaw P, Gee M. Turbulent wall jets with and without an external stream[R]. London: Her Majesty's Stationery Office, 1962.

[94] Kacker S C, Whitelaw J H. The turbulence characteristics of two-dimensional wall-jet and wall-wake flows[J]. Journal of Applied Mechanics, 1971, 38(1): 239-252.

[95] McIntyre R, Savory E, Wu H, et al. The effect of the nozzle top lip thickness on a two-dimensional wall jet[J]. Journal of Fluids Engineering, 2019, 141(5): 051106.

[96] Ben Haj Ayech S, Habli S, Mahjoub Saïd N, et al. A numerical study of a plane turbulent wall jet in a coflow stream[J]. Journal of Hydro-environment Research, 2016, 12: 16-30.

[97] 拜格诺. 风沙和荒漠沙丘物理学[M]. 钱宁, 林秉南, 译. 北京: 科学出版社, 1959.

[98] Wolfe S A, Nickling W G. The protective role of sparse vegetation in wind erosion[J]. Progress in Physical Geography: Earth and Environment, 1993, 17(1): 50-68.

[99] 埃米尔·希缪, 罗伯特斯坎伦. 风对结构的作用: 风工程导论[M]. 2版. 刘尚培, 等译. 上海: 同济大学出版社, 1992.

[100] 周淑贞, 束炯. 城市气候学[M]. 北京: 气象出版社, 1994.

[101] Thom A S. Momentum absorption by vegetation[J]. Quarterly Journal of the Royal Meteorological Society, 1971, 97(414): 414-428.

[102] Jackson P S. On the displacement height in the logarithmic velocity profile[J]. Journal of Fluid Mechanics, 1981, 111: 15-25.

[103] Wooding R A, Bradley E F, Marshall J K. Drag due to regular arrays of roughness elements of varying geometry[J]. Boundary-Layer Meteorology, 1973, 5(3): 285-308.

[104] Lettau H. Note on aerodynamic roughness-parameter estimation on the basis of roughness-element description[J]. Journal of Applied Meteorology, 1969, 8(5): 828-832.

[105] Macdonald R W, Griffiths R F, Hall D J. An improved method for the estimation of surface roughness of obstacle arrays[J]. Atmospheric Environment, 1998, 32(11): 1857-1864.

[106] Shao Y P, Yang Y. A scheme for drag partition over rough surfaces[J]. Atmospheric Environment, 2005, 39(38): 7351-7361.

[107] Yaglom A M. Similarity laws for constant-pressure and pressure-gradient turbulent wall flows[J]. Annual Review of Fluid Mechanics, 1979, 11(1): 505-540.

[108] Raupach M R, Antonia R A, Rajagopalan S. Rough-wall turbulent boundary layers[J]. Applied Mechanics Reviews, 1991, 44(1): 1-25.

[109] 史里希廷 H, Schlichting H, 徐燕侯. 边界层理论[M]. 北京: 科学出版社, 1988.

[110] Marshall J K. Drag measurement in roughness arrays of varying density and distribution[J].

Agricultural Meteorology, 1971, 8(71): 269-292.

[111] 卢浩, 张会强, 王兵, 等. 横向粗糙元壁面槽道湍流的大涡模拟研究[J]. 工程热物理学报, 2012, 33(7): 1163-1167.

[112] Businger J A, Wyngaard J C, Izumi Y, et al. Flux-profile relationships in the atmospheric surface layer[J]. Journal of the Atmospheric Sciences, 1971, 28(2): 181-189.

[113] Schumann U. Subgrid scale model for finite difference simulations of turbulent flows in plane channels and annuli[J]. Journal of Computational Physics, 1975, 18(4): 376-404.

[114] Thomas T G, Williams J J R. Generating a wind environment for large eddy simulation of bluff body flows[J]. Journal of Wind Engineering and Industrial Aerodynamics, 1999, 82(1): 189-208.

[115] Xie Z T, Voke P R, Hayden P, et al. Large-eddy simulation of turbulent flow over a rough surface[J]. Boundary-Layer Meteorology, 2004, 111(3): 417-440.

[116] Blocken B, Stathopoulos T, Carmeliet J. CFD simulation of the atmospheric boundary layer: Wall function problems[J]. Atmospheric Environment, 2007, 41(2): 238-252.

[117] Tsai J L, Tsuang B J. Aerodynamic roughness over an urban area and over two farmlands in a populated area as determined by wind profiles and surface energy flux measurements[J]. Agricultural and Forest Meteorology, 2005, 132(1-2): 154-170.

[118] Gal-Chen T, Somerville R C J. On the use of a coordinate transformation for the solution of the Navier-Stokes equations[J]. Journal of Computational Physics, 1975, 17(2): 209-228.

[119] Gal-Chen T, Somerville R C J. Numerical solution of the Navier-Stokes equations with topography[J]. Journal of Computational Physics, 1975, 17(3): 276-310.

[120] Sullivan P P, Edson J B, Hristov T, et al. Large-eddy simulations and observations of atmospheric marine boundary layers above nonequilibrium surface waves[J]. Journal of the Atmospheric Sciences, 2008, 65(4): 1225-1245.

[121] Peskin C S. Flow patterns around heart valves: A numerical method[J]. Journal of Computational Physics, 1972, 10(2): 252-271.

[122] Iaccarino G, Verzicco R. Immersed boundary technique for turbulent flow simulations[J]. Applied Mechanics Reviews, 2003, 56(3): 331-347.

[123] Mittal R, Iaccarino G. Immersed boundary methods[J]. Annual Review of Fluid Mechanics, 2005, 37: 239-261.

[124] Tamura T. Large eddy simulation on building aerodynamics[C]. The 7th Asia-Pacific Conference on Wind Engineering, Taipei, 2009: 1-6.

[125] Anderson W, Meneveau C. A large-eddy simulation model for boundary-layer flow over surfaces with horizontally resolved but vertically unresolved roughness elements[J]. Boundary-Layer Meteorology, 2010, 137(3): 397-415.

[126] Kanda M, Moriwaki R, Kasamatsu F. Large-eddy simulation of turbulent organized structures within and above explicitly resolved cube arrays[J]. Boundary-Layer Meteorology, 2004, 112(2): 343-368.

[127] Coceal O, Dobre A, Thomas T G, et al. Structure of turbulent flow over regular arrays of cubical roughness[J]. Journal of Fluid Mechanics, 2007, 589: 375-409.

[128] Xie Z T, Coceal O, Castro I P. Large-eddy simulation of flows over random urban-like obstacles[J]. Boundary-Layer Meteorology, 2008, 129(1): 1-23.

[129] Choi E C, Hidayat F A. Dynamic response of structures to thunderstorm winds[J]. Progress in Structural Engineering and Materials, 2002, 4(4): 408-416.

[130] Chen L, Letchford C W. Parametric study on the along-wind response of the CAARC building to downbursts in the time domain[J]. Journal of Wind Engineering and Industrial Aerodynamics, 2004, 92(9): 703-724.

[131] Chay M T, Albermani F. Dynamic response of a SDOF system subjected to simulated downburst winds[J]. The 6th Asia-Pacific Conference on Wind Engineering, Seoul, 2005: 1562-1584.

[132] Holmes J, Forristall G, Mcconochie J. Dynamic response of structures to thunderstorm winds[C]. The 10th Americas Conference on Wind Engineering, Baton Rouge, 2005: 1-7.

[133] Chen X Z. Analysis of alongwind tall building response to transient nonstationary winds[J]. Journal of Structural Engineering, 2008, 134(5): 782-791.

[134] Kwon D K, Kareem A. Gust-front factor: New framework for wind load effects on structures[J]. Journal of Structural Engineering, 2009, 135(6): 717-732.

[135] Kwon D K, Kareem A. Generalized gust-front factor: A computational framework for wind load effects[J]. Engineering Structures, 2013, 48: 635-644.

[136] Huang G Q, Chen X Z, Liao H L, et al. Predicting of tall building response to non-stationary winds using multiple wind speed samples[J]. Wind and Structures, 2013, 17(2): 227-244.

[137] Solari G, de Gaetano P, Repetto M P. Thunderstorm response spectrum: Fundamentals and case study[J]. Journal of Wind Engineering and Industrial Aerodynamics, 2015, 143: 62-77.

[138] Davenport A G. Gust loading factors[J]. Journal of the Structural Division, 1967, 93(3): 11-34.

[139] Ozono S, Maeda J. In-plane dynamic interaction between a tower and conductors at lower frequencies[J]. Engineering Structures, 1992, 14(4): 210-216.

[140] Holmes J D. Along-wind response of lattice towers: Part I—Derivation of expressions for gust response factors[J]. Engineering Structures, 1994, 16(4): 287-292.

[141] Yasui H, Marukawa H, Momomura Y, et al. Analytical study on wind-induced vibration of power transmission towers[J]. Journal of Wind Engineering and Industrial Aerodynamics, 1999, 83(1-3): 431-441.

[142] 王世村, 孙炳楠, 楼文娟, 等. 单杆输电塔气弹模型风洞试验研究和理论分析[J]. 浙江大学学报(工学版), 2005, 39(1): 87-91.

[143] 邓洪洲, 朱松晔, 陈晓明, 等. 大跨越输电塔线体系气弹模型风洞试验[J]. 同济大学学报(自然科学版), 2003, 31(2): 132-137.

[144] 楼文娟, 孙炳楠. 风与结构的耦合作用及风振响应分析[J]. 工程力学, 2000, 17(5): 16-22.

[145] Diana G, Bruni S, Cheli F, et al. Dynamic analysis of the transmission line crossing "Lago de Maracaibo"[J]. Journal of Wind Engineering and Industrial Aerodynamics, 1998, 74-76: 977-986.

[146] Battista R C, Rodrigues R S, Pfeil M S. Dynamic behavior and stability of transmission line towers under wind forces[J]. Journal of Wind Engineering and Industrial Aerodynamics, 2003,

91(8): 1051-1067.

[147] 张琳琳, 谢强, 李杰. 输电线路多塔耦联体系的风致动力响应分析[J]. 防灾减灾工程学报, 2006, (3): 261-267.

[148] 梁峰, 李黎, 尹鹏. 大跨越输电塔-线体系数值分析模型的研究[J]. 振动与冲击, 2007, (2): 61-65, 176.

[149] 李宏男, 王前信. 大跨越输电塔体系的动力特性[J]. 土木工程学报, 1997, (5): 28-36.

[150] 李宏男, 白海峰. 输电塔线体系的风(雨)致振动响应与稳定性研究[J]. 土木工程学报, 2008, (11): 31-38.

[151] 郭勇, 孙炳楠, 叶尹. 大跨越输电塔线体系风振响应的时域分析[J]. 土木工程学报, 2006, (12): 12-17.

[152] 李正良, 肖正直, 韩枫, 等. 1000kV 汉江大跨越特高压输电塔线体系气动弹性模型的设计与风洞试验[J]. 电网技术, 2008, 281(12): 1-5.

[153] 梁枢果, 邹良浩, 赵林, 等. 格构式塔架动力风荷载解析模型[J]. 同济大学学报(自然科学版), 2008, (2): 166-171.

[154] 谢强, 李继国, 严承涌, 等. 1000kV 特高压输电塔线体系风荷载传递机制风洞试验研究[J]. 中国电机工程学报, 2013, 33(1): 109-116.

[155] Shehata A Y, El Damatty A A. Failure analysis of a transmission tower during a microburst[J]. Wind and Structures, 2008, 11(3): 193-208.

[156] Shehata A Y, Nassef A O, El Damatty A A. A coupled finite element-optimization technique to determine critical microburst parameters for transmission towers[J]. Finite Elements in Analysis and Design, 2008, 45(1): 1-12.

[157] Darwish M M, El Damatty A A, Hangan H. Dynamic characteristics of transmission line conductors and behaviour under turbulent downburst loading[J]. Wind and Structures, 2010, 13(4): 327-346.

[158] Ladubec C, El Damatty A A, El Ansary A M. Effect of geometric nonlinear behaviour of a guyed transmission tower under downburst loading[J]. Applied Mechanics and Materials, 2012, 226-228: 1240-1249.

[159] El Damatty A E, Aboshosha H. Capacity of electrical transmission towers under downburst loading[C]. Research, Development and Practice in Structural Engineering and Construction, Perth, 2012: 1-6.

[160] Aboshosha H, Damatty A E. Downburst induced forces on the conductors of electric transmission lines and the corresponding vulnerability of towers failure[C]. Congrès général 2013 de la SCGC, Montréal, 2013: 1-8.

[161] El Damatty A, Hamada A, Elawady A. Development of critical load cases simulating the effect of downbursts and torndos on transmission line structures[C]. Proceedings of the 8th Asia-Pacific Conference on Wind Engineering, 2013: 1149-1158.

[162] Mara T G, Hong H P. Effect of wind direction on the response and capacity surface of a transmission tower[J]. Engineering Structures, 2013, 57: 493-501.

[163] Aboshosha H, El Damatty A. Effective technique to analyze transmission line conductors under high intensity winds[J]. Wind and Structures, 2014, 18(3): 235-252.

[164] Aboshosha H, El Damatty A. Engineering method for estimating the reactions of transmission line conductors under downburst winds[J]. Engineering Structures, 2015, 99: 272-284.

[165] Aboshosha H, El Damatty A. Dynamic response of transmission line conductors under downburst and synoptic winds[J]. Wind and Structures, 2015, 21(2): 241-272.

[166] Elawady A, El Damatty A. Longitudinal force on transmission towers due to non-symmetric downburst conductor loads[J]. Engineering Structures, 2016, 127: 206-226.

[167] Yang S C, Hong H P. Nonlinear inelastic responses of transmission tower-line system under downburst wind[J]. Engineering Structures, 2016, 123: 490-500.

[168] Darwish M, El Damatty A. Critical parameters and configurations affecting the analysis and design of guyed transmission towers under downburst loading[J]. Practice Periodical on Structural Design and Construction, 2017, 22(1): 04016017.

[169] Savory E, Parke G A R, Zeinoddini M, et al. Modelling of tornado and microburst-induced wind loading and failure of a lattice transmission tower[J]. Engineering Structures, 2001, 23(4): 365-375.

[170] Darwish M M, El Damatty A A. Behavior of self supported transmission line towers under stationary downburst loading[J]. Wind and Structures, 2011, 14(5): 481-498.

[171] 王昕, 楼文娟, 李宏男, 等. 雷暴冲击风作用下高耸输电塔风振响应[J]. 浙江大学学报(工学版), 2009, 43(8): 1520-1525.

[172] 杨风利, 张宏杰, 杨靖波, 等. 下击暴流作用下输电铁塔荷载取值及承载性能分析[J]. 中国电机工程学报, 2014, 34(24): 4179-4186.

[173] 刘慕广, 黄琳玲, 邹云峰. 雷暴冲击风下输电塔风振特性试验研究[J]. 实验力学, 2018, 33(6): 869-876.

[174] 王黎明, 孙保强, 侯镭, 等. 华北 500kV 紧凑型线路故障计算分析与改进措施[J]. 高电压技术, 2009, 35(9): 2108-2113.

[175] 孙保强, 侯镭, 孟晓波, 等. 不同风速下导线风偏动力响应分析[J]. 高电压技术, 2010, 36(11): 2808-2813.

[176] 朱宽军, 李新民, 邸玉贤, 等. 紧凑型输电线路非同期摇摆特性分析及防治措施[J]. 高电压技术, 2010, 36(11): 2717-2723.

[177] 郭涵. 500 千伏输电线路风偏故障分析及对策研究[D]. 郑州: 郑州大学, 2015.

[178] 龚延兴, 刘鸿斌, 刘亚新, 等. 2008 年华北电网直属输电线路跳闸浅析[J]. 华北电力技术, 2009, (8): 22-26.

[179] 黄俊杰, 汪涛, 朱昌成. 220kV 输电线路风偏跳闸的分析研究[J]. 湖北电力, 2012, 36(2): 65-67.

[180] 龙立宏, 胡毅, 李景禄, 等. 输电线路风偏放电的影响因素研究[J]. 高电压技术, 2006, (4): 19-21.

[181] 邵天晓. 架空送电线路的电线力学计算[M]. 2 版. 北京: 中国电力出版社, 2003.

[182] 王声学, 吴广宁, 范建斌, 等. 500kV 输电线路悬垂绝缘子串风偏闪络的研究[J]. 电网技术, 2008, 278(9): 65-69.

[183] 闵绚, 邵瑰玮, 刘云正, 等. 线路布置方式对悬垂绝缘子串摇摆角计算的影响[J]. 中国电力, 2013, 46(1): 69-74.

[184] 闵绚, 文志科, 吴向东, 等. 特高压长串绝缘子对风偏计算的影响研究[J]. 中国电力, 2014, 47(1): 28-34.

[185] 郑佳艳. 动态风作用下悬垂绝缘子串风偏计算研究[D]. 重庆: 重庆大学, 2006.

[186] 林雪松, 严波, 刘仲全, 等. 220kV 高压输电线路风偏有限元模拟研究[J]. 应用力学学报, 2009, 26(1): 120-124, 215.

[187] 刘小会, 严波, 林雪松, 等. 500kV 超高压输电线路风偏数值模拟研究[J]. 工程力学, 2009, 26(1): 244-249.

[188] 严波, 林雪松, 罗伟, 等. 绝缘子串风偏角风荷载调整系数的研究[J]. 工程力学, 2010, 27(1): 221-227.

[189] 贾玉琢, 肖茂祥, 王永杰. 500kV 架空输电线路风偏数值模拟研究[J]. 广东电力, 2011, 24(2): 1-5.

[190] Momomura Y, Marukawa H, Okamura T, et al. Full-scale measurements of wind-induced vibration of a transmission line system in a mountainous area[J]. Journal of Wind Engineering and Industrial Aerodynamics, 1997, 72: 241-252.

[191] 楼文娟, 杨悦, 吕中宾, 等. 考虑气动阻尼效应的输电线路风偏动态分析方法[J]. 振动与冲击, 2015, 34(6): 24-29.

[192] 楼文娟, 杨悦, 卢明, 等. 连续多跨输电线路动态风偏特征及计算模型[J]. 电力建设, 2015, 36(2): 1-8.

[193] Max Irvine H M. Cable Structures[M]. Cambridge: The MIT Press, 1981.

[194] Yu P, Wong P S, Kaempffer F. Tension of conductor under concentrated loads[J]. Journal of Applied Mechanics, 1995, 62(3): 802-809.

[195] Peng W, Sun B N, Tang J C. A catenary element for the analysis of cable structures[J]. Applied Mathematics and Mechanics, 1999, 20(5): 532-534.

[196] 汪大海, 李杰, 谢强. 大跨越输电线路风振动张力模型[J]. 中国电机工程学报, 2009, 29(28): 122-128.

[197] 汪大海, 李杰. 基于动张力均方根反应谱的大跨越输电线路设计风荷载计算方法[J]. 振动与冲击, 2012, 31(9): 82-89.

[198] Glauert M B. The wall jet[J]. Journal of Fluid Mechanics, 1956, 1(6): 625-643.

[199] 董志勇. 射流力学[M]. 北京: 科学出版社, 2005.

[200] George W K, Abrahamsson H, Eriksson J, et al. A similarity theory for the turbulent plane wall jet without external stream[J]. Journal of Fluid Mechanics, 2000, 425: 367-411.

[201] Abrahamsson H, Johansson B, Lofdahl L. A turbulent plane 2-dimensional wall-jet in a quiescent surrounding[J]. European Journal of Mechanics B—Fluids, 1994, 13(5): 533-556.

[202] Launder B E, Rodi W. The turbulent wall jet[J]. Progress in Aerospace Sciences, 1979, 19: 81-128.

[203] 张兆顺, 崔桂香, 许春晓. 湍流大涡数值模拟的理论和应用[M]. 北京: 清华大学出版社, 2008.

[204] Launder B, Spalding D B. Lectures in Mathematical Models of Turbulence[M]. London: Academic Press, 1972.

[205] Shih T H, Liou W W, Shabbir A, et al. A new k-ε eddy viscosity model for high Reynolds

number turbulent flows[J]. Computers & Fluids, 1995, 24(3): 227-238.

[206] Wilcox D C. Turbulence Modeling for CFD[M]. 2nd ed. La Canada: DCW Industries, 1998.

[207] Menter F R. Two-equation eddy-viscosity turbulence models for engineering applications[J]. AIAA Journal, 1994, 32(8): 1598-1605.

[208] Versteeg H K, Malalasekera W. An Introduction to Computational Fluid Dynamics: The Finite Volume Method Approach[M]. 2nd ed. Harlow: Pearson Education, 2007.

[209] Smagorinsky J. General circulation experiments with the primitive equations: I. The basic experiment[J]. Monthly Weather Review, 1963, 91(3): 99-164.

[210] Lilly D K. A proposed modification of the Germano subgrid-scale closure method[J]. Physics of Fluids A: Fluid Dynamics, 1992, 4(3): 633-635.

[211] Narasimha R, Yegna Narayan K Y, Parthasarathy S P. Parametric analysis of turbulent wall jets in still air[J]. The Aeronautical Journal, 1973, 77(751): 355-359.

[212] Schneider M E, Goldstein R J. Laser Doppler measurement of turbulence parameters in a two-dimensional plane wall jet[J]. Physics of Fluids, 1994, 6(9): 3116-3129.

[213] Levin O, Herbst A H, Henningson D S. Early turbulent evolution of the Blasius wall jet[J]. Journal of Turbulence, 2006, 7: N68.

[214] Swean T F, Ramberg S E, Plesniak M W, et al. Turbulent surface jet in channel of limited depth[J]. Journal of Hydraulic Engineering, 1989, 115(12): 1587-1606.

[215] Karlsson R I, Eriksson J, Persson J. LDV Measurements in a Plane Wall Jet in a Large Enclosure[M]//Laser Techniques and Applications in Fluid Mechanics. Berlin: Springer Press, 1993.

[216] Irwin H P A H. Measurements in a self-preserving plane wall jet in a positive pressure gradient[J]. Journal of Fluid Mechanics, 1973, 61(1): 33-63.

[217] Eskinazi S, Erian F F. Energy reversal in turbulent flows[J]. The Physics of Fluids, 1969, 12(10): 1988-1998.

[218] Holmes J D. Modeling of extreme thunderstorm winds for wind loading of structures and risk assessment[C]. Proceeding of the 10th International Conference on Wind Engineering, Copenhagen, 1999: 1409-1415.

[219] Cooper D, Jackson D C, Launder B E, et al. Impinging jet studies for turbulence model assessment—I. Flow-field experiments[J]. International Journal of Heat and Mass Transfer, 1993, 36(10): 2675-2684.

[220] Knowles K, Myszko M. Turbulence measurements in radial wall-jets[J]. Experimental Thermal and Fluid Science, 1998, 17(1-2): 71-78.

[221] 瞿伟廉, 吉柏锋. 下击暴流的形成与扩散及其对输电线塔的灾害作用[M]. 北京: 科学出版社, 2013.

[222] Aboutabikh M, Ghazal T, Chen J X, et al. Designing a blade-system to generate downburst outflows at boundary layer wind tunnel[J]. Journal of Wind Engineering and Industrial Aerodynamics, 2019, 186: 169-191.

[223] Su Y W, Huang G Q, Xu Y L. Derivation of time-varying mean for non-stationary downburst winds[J]. Journal of Wind Engineering and Industrial Aerodynamics, 2015, 141: 39-48.

[224] Abd-Elaal E S, Mills J E, Ma X. Empirical models for predicting unsteady-state downburst wind speeds[J]. Journal of Wind Engineering and Industrial Aerodynamics, 2014, 129: 49-63.

[225] 中华人民共和国住房和城乡建设部. 建筑结构荷载规范[S]. GB 50009—2012. 北京: 中国建筑工业出版社, 2012.

[226] 瞿伟廉, 梁政平, 王力争, 等. 下击暴流的特征及其对输电线塔风致倒塌的影响[J]. 地震工程与工程振动, 2010, 30(6): 120-126.

[227] 国家能源局. 架空输电线路杆塔结构设计技术规定[S]. DLT 5154—2012. 北京: 中国电力出版社, 2013.

[228] 林家浩, 张亚辉. 随机振动的虚拟激励法[M]. 北京: 科学出版社, 2004.

[229] Huang G Q, Chen X Z. Wavelets-based estimation of multivariate evolutionary spectra and its application to nonstationary downburst winds[J]. Engineering Structures, 2009, 31(4): 976-989.

[230] Holmes J D. Wind Loading of Structures[M]. New York: CRC Press, 2013.

[231] Blake W K. Turbulent boundary-layer wall-pressure fluctuations on smooth and rough walls[J]. Journal of Fluid Mechanics, 1970, 44(4): 637.

[232] 朱宽军, 邸玉贤, 李新民, 等. 安装相间间隔棒的输电线防风偏设计有限元分析[J]. 高电压技术, 2010, 36(4): 1038-1043.

[233] 袁驷, 程大业, 叶康生. 索结构找形分析的精确单元方法[J]. 建筑结构学报, 2005, 26(2): 46-51.

[234] 侯景鹏, 陈加宝, 曾建华, 等. 基于牛顿-拉普森迭代法的输电导地线找形研究[J]. 水电能源科学, 2012, 30(2): 177-179.

[235] 杨钦, 李承铭. ANSYS 索结构找形及悬链线的模拟[J]. 土木建筑工程信息技术, 2010, 2(4): 61-65.

[236] Como M, Grimaldi A. Theory of Stability of Continuous Elastic Structures[M]. Boca Raton: CRC Press, 1995.

[237] Budiansky B, Roth R. Axisymmetric buckling of clamped shallow spherical shells[R]. Washington: NASA, 1962.

[238] 中华人民共和国住房和城乡建设部. 110kV~750kV 架空输电线路设计规范[S]. GB 50545—2010. 北京: 中国计划出版社, 2010.